赵国华　主编

食品化学实验
原理与技术

U0285550

化学工业出版社
·北京·

本书针对目前我国本科食品化学教学实验大部分开设食品分析实验的现状，从验证性实验、探索性实验以及综合设计性实验三个层面编写了食品化学的实验原理与技术。内容包括绪论；食品化学实验常用仪器；食品化学验证性实验；食品化学探索性实验；食品化学综合设计性实验；以及与食品化学实验相关的附录与附表。每节或章后均附有参考文献。本书除供高等院校食品科学与技术一级学科相关师生、研究生参考或作为教材使用外，也可供有关研究单位和企业高、中级食品科技工作者参考。

图书在版编目（CIP）数据

食品化学实验原理与技术/赵国华主编. —北京：化学
工业出版社，2009.4（2022.3 重印）
ISBN 978-7-122-04895-0

Ⅰ. 食⋯ Ⅱ. 赵⋯ Ⅲ. 食品化学-实验 Ⅳ. TS201.2

中国版本图书馆 CIP 数据核字（2009）第 025663 号

责任编辑：陈蕾　侯玉周　　　　　　　文字编辑：杨欣欣
责任校对：吴　静　　　　　　　　　　装帧设计：关　飞

出版发行：化学工业出版社（北京市东城区青年湖南街 13 号　邮政编码 100011）
印　　装：北京天字星印刷厂
720mm×1000mm　1/16　印张 9½　字数 183 千字　　2022 年 3 月北京第 1 版第 6 次印刷

购书咨询：010-64518888　　　　　　　售后服务：010-64518899
网　　址：http://www.cip.com.cn
凡购买本书，如有缺损质量问题，本社销售中心负责调换。

定　　价：30.00 元　　　　　　　　　　　　　版权所有　违者必究

编 写 人 员

主　　编：赵国华（西南大学）

副 主 编：刘　娅（石河子大学）

　　　　　汤务霞（四川农业大学）

编写人员：（按拼音顺序）

　　　　　谌小立（西南大学）

　　　　　付晓萍（云南农业大学）

　　　　　黄文书（新疆农业大学）

　　　　　刘　娅（石河子大学）

　　　　　汤务霞（四川农业大学）

　　　　　王洪伟（西南大学）

　　　　　杨　冯（西南大学）

　　　　　赵国华（西南大学）

　　　　　郑　刚（西南大学）

主　　审：陈宗道（西南大学）

前　言

　　食品化学、食品微生物学和食品工程原理并称为食品科学与工程学科三大基础支柱分支学科。实验教学是食品化学教学的重要组成部分，是高等院校培养高素质合格人才的重要实践性环节，是学生巩固和加深理解理论知识，加强学生的动手能力，锻炼在实践中发现问题、分析问题和解决问题的能力，提高教学质量的重要途径。但由于种种原因，其中之一是缺乏相关的针对性教材，我国本科食品化学教学实验基本开展以食品分析为内容的教学，这与食品化学注重食品变化过程、食品成分功能、了解食品生产等各环节食品内在物质组成、功能以及形态等的变化相驳。

　　由于我国各个设有食品相关专业的单位实验条件差异较大，在内容编写上本书力求普遍性与高的适应性，内容上尽量丰富，以便于不同单位选择使用其中的内容。在实验层次设计上，本书按照培养创新人才实验教学体系的要求设计了3个层次的实验，即理论验证性实验（14个）、探索性实验（8个）和综合设计实验（4个）。理论验证性实验就是保持原来食品化学实验课程中与食品化学理论教学联系紧密的一些简单的课堂教学内容验证性实验；探索性实验在理论教学的基础上，深化或拓展对理论教学的理解与认识，要求学生以单一指标为观测点的研究性实验；综合设计实验以提高学生自身能力、加强理论知识融合、培养团队精神、培养创新和主动学习能力为目的。另外，为配合相关实验的开展，本书也详细介绍了相关仪器的原理、操作与维护等知识。

　　本书的编写者大多都是直接从事本科食品化学教学的一线教师，他们分别是西南大学赵国华、石河子大学刘娅、云南农业大学付晓萍、新疆农业大学黄文书、四川农业大学汤务霞、西南大学王洪伟讲师。西南大学在读研究生郑刚、谌小立和杨冯为本教材编写（附录与附表等）也贡献了力量。全书由赵国华统稿，西南大学的陈宗道教授主审。

　　西南大学的李洪军院长、阚建全教授以及化学工业出版社的编辑对本书的编写提出过宝贵意见，化学工业出版社为本书的顺利出版给予了极大的支持，在此一并致谢。

　　尽管我们主观上力求把本书写得圆满，但由于水平有限，书中难免有不当之处，希望读者给予批评、指正。

编　者

2009 年 2 月

目 录

第 1 章　绪论 /1

第 2 章　食品化学实验常用仪器 /9

第 3 章　食品化学验证性实验 /58

第4章   食品化学探索性实验 /88

第5章   食品化学综合设计性实验 /109

附录 /123

第1章

绪 论

1.1 食品化学实验的目的与要求

食品化学、食品微生物学和食品工程原理并称为食品科学与工程学科三大基础支柱分支学科。其中，食品化学是从化学角度和分子水平上研究食品的化学组成、结构、理化性质、营养与安全性质，食品中各类物质在食品生产、加工、贮藏与运销过程中发生的变化以及这些变化对食品品质与安全产生的影响的一门基础应用科学；是为改善食品品质、开发食品新资源、革新食品加工工艺和贮运技术、科学调整居民膳食结构、改进食品包装、加强食品质量控制以及提高食品原料加工与综合利用水平奠定理论基础的科学。因此，食品化学是食品专业学生必修的一门非常重要的专业基础课。

一般来说，食品化学的教学分为两个部分，课堂理论教学部分与实验教学部分，两者所占总教学课时的比例大约为 3∶1。实验教学是食品化学教学的重要组成部分，是高等院校培养高素质合格人才的重要实践性环节，是学生巩固和加深理解理论知识，加强学生的动手能力，锻炼在实践中发现问题、分析问题和解决问题的能力，提高教学质量的重要途径。在培养学生的实践、研究、创新能力和综合素质，实现学校制定的专业培养目标等方面有着其他教学环节所不可替代的独特作用。

本着提高学生的实践、研究、创新能力和综合素质的目标，要求学生在理解基本实验原理的基础上，通过实验来加深理解，同时培养学生的动手能力，掌握仪器的使用和维护。除了掌握一些经典的基本简单仪器（如凯氏定氮器、索氏抽提器）的使用外，我们希望学生能够掌握一些更先进仪器（如气相色谱仪、紫外-可见分光光度计、荧光分光光度计、微分热量扫描仪、质构仪、自动凯氏定氮仪、水分活度仪、色差仪、电子万能拉伸仪、薄膜透气测定仪等）的使用和维护，只有这样才能使学生适应科技飞速发展的时代。

掌握仪器的使用和维护是最基本的要求，我们的目的是培养学生的科研能力和兴趣，让学生不再是仅仅以完成课堂学习任务为目的来学习，真正培养学生的自主性，在培养了学生基本实验能力的基础上，希望通过一些探索性实验来培养学生的科研热情，以探索的心态来学习，最终使学生具有综合设计实验的能力。所以本书主要从食品化学实验室的基本仪器的使用与维护、验证性实验、探索性实验、综合设计性实验四个方面来编写，要求学生从观察在特定实验条件下的实验结果并进行理论解释，发展到认识因素与指标之间的动态变化关系并进行理论解释，然后要求学生进行多因素变化、多指标观察并进行结果分析与讨论。用循序渐进的方式，培养学生独立思考、独立操作、理论联系实际和融会贯通的能力，最终使得学生的创新能力和综合素质提高。

1.2　现代食品化学教学实验体系

为更好地贯彻教育部 2007 年 2 月《关于进一步深化本科教学改革全面提高教学质量的若干意见》，结合食品化学实验教学课程目前的现状，为推进食品化学实验教学内容与实验模式的改革与创新，为培养具有创新能力、动手能力，符合新世纪要求的高素质人才，并结合和参考当前实验课程改革的最新成果，我们提出了现代食品化学教学实验体系，其组成部分和功能如下。

1.2.1　理论验证性实验

理论验证性实验实际就是保持原来食品化学实验课程中与食品化学理论教学紧密的一些简单的课堂教学内容验证性实验。如"淀粉颗粒形态观察"、"淀粉糊化度测定"、"蔗糖转化与转化度测定"等。这部分实验的目的是让学生进一步对课堂理论教学的主要知识点有一个更为直观的认识和理解。在实验过程中，由实验教学教师准备所有实验条件，学生按照规定的实验路线进行操作，观察在特定实验条件下的实验结果并进行理论解释。每个理论验证性实验一般安排 2 学时，各小组进行完全相同的实验内容。

1.2.2　探索性实验

探索性实验是在理论教学的基础上，深化或拓展对理论教学的理解与认识，要求学生进行以单一指标为观测点的研究性实验。如"pH 对明胶凝胶形成的影响"、"油炸时间对油脂品质影响的研究"、"糖浓度对柑橘汁水分活度的影响"等。这部分实验与理论验证性实验最大的区别就是：理论验证性实验只要求学生观测一组特定实验条件下的单一结果；而探索性实验要求学生观测在某一因素连续或阶段性变化时单一特定指标的变化情况，让学生从更深层面了解或认识因素与指标之间的动态变化关系。在实验过程中，实验任务和详细的实验方案由实验教师提出，学生进行实验准备并按照要求完成实验，记录实验结果，对数据进行分析，绘制因素-指标变化曲线，并进行详细的讨论。教师在实验过程中要给学生传授简单的实验设计方法与因素水平设置的一般要求。每个探索性实验一般安排 3 学时，各实验小组进行的因素变化可以相同也可以不相同。

1.2.3 综合设计实验

综合设计实验以提高学生自身能力、加强理论知识融合、培养团队精神、培养创新和主动学习能力为目的。如"大豆分离蛋白的乳化特性研究"、"提高油炸用油氧化稳定的研究"等。这部分实验要求学生进行多因素变化、多指标观察。综合实验的任务可由指导教师按照实验小组分别提出，也可以各个实验小组根据自己的兴趣爱好提出实验任务，经教师认可后进行。实验过程中，实验教师只起辅助作用，主要为实验条件提供和设施维护，实验准备、设计、操作、结果分析与表达、讨论均由学生小组独立完成。必要时，教师给予一定的帮助，尤其是实验设计。每个综合设计实验一般安排 8～10 学时，学生可以在课余时间进行，形式类似开放实验。

1.3　食品化学实验的安全防护

食品化学实验室的安全防护主要体现在防火、防爆炸、防灼伤及防毒 4 个方面，掌握一些常识是必备的。

1.3.1　防火

① 由于实验室存在许多易挥发、易燃药品（如乙醚、酒精、丙酮等），实验室应禁止吸烟并尽量避免使用明火。同时实验室应当配备多种灭火器材，万一着火，应采取适当措施灭火。根据不同情况，可选用水、沙，泡沫、CO_2 或 CCl_4 灭火器灭火。

② 金属钠、钾、铝粉、电石及金属氢化物要注意使用和存放，尤其不宜与水直接接触。

③ 对必须使用明火的实验室，给酒精灯或酒精喷灯添加酒精时，必须先盖灭酒精灯或酒精喷灯后才能添加。

④ 同时使用较多大功率仪器时，应该注意避免引起电线的起火，如遇此情况，应马上关闭实验室电源总闸。

1.3.2　防爆炸

① 挥发性易燃易爆药品应该放在通风良好、阴暗低温、远离火源的地方。

② 使用易爆类药品（如高氯酸及其盐、H_2O_2、叠氮铅、乙炔铜、三硝基甲苯等）时，应该防止剧烈振动或受热。使用完后小心放回低温通风处。

③ 强氧化剂和强还原剂必须分开存放，使用时轻拿轻放，远离热源。

④ 防止 H_2、CO、乙烯、乙炔、苯、乙醇、乙醚、丙酮、乙酸乙酯和氨气等可燃性蒸气或气体与空气混合至爆炸极限而引起爆炸。

1.3.3 防灼伤

① 防止酒精灯及电炉等高温热源引起的灼伤。

② 强酸、强碱、强氧化剂、溴、磷、钠、钾、苯酚、醋酸等药品都会灼伤皮肤。应注意不要让皮肤与之接触，尤其防止溅入眼中。当皮肤受到灼伤时，应立即用蒸馏水或自来水冲洗，然后用 50g/L 的碳酸氢钠溶液洗涤，再用蒸馏水或自来水冲洗。如果不慎溅入眼中应该立即用蒸馏水或自来水冲洗眼部。也可采取酸碱中和的原理，如用 50g/L 碳酸氢钠来中和酸类物质、2% 硼酸来中和碱类物质来清洗，然后滴 1～2 滴油性物质滋润保护。严重时，必须冲洗后立即送医院就医。

1.3.4 防毒

① 应该尽量在通风橱内使用有毒有害药品，并防止药品与皮肤接触。实验中应该戴上口罩，实验完成后应该及时洗手。

② 教师应该在学生进行实验前，提醒学生注意有毒药品的使用。

1.4 实验测量与误差

1.4.1 测量的定义及分类

测量就是借助仪器用某一计量单位把待测量的大小表示出来。根据获得测量结果方法的不同，测量可分为直接测量和间接测量：由仪器或量具可以直接读出测量值的测量称为直接测量；不能用直接测量的方法得到，而是利用若干个直接测量值通过一定的函数关系计算出被测量的数值的测量称为间接测量。

1.4.2 误差的定义及分类

测量值与真值之间的差异称为测量误差，又称为绝对误差，简称误差。记为：

$$\Delta N = N - N_0$$

其中测量值为 N，相应的真值为 N_0。绝对误差与真值之比的百分数叫做相对误差，记为：

$$E = \frac{\Delta N}{N_0} \times 100\%$$

根据误差来源的不同，分为系统误差和随机误差。在相同条件下多次测量同一物理量时，误差的大小恒定，符号总偏向一方，或误差按照某一确定的规律变化，称为系统误差。系统误差产生的原因主要有以下几个方面：仪器误差、理论和实验方法误差、实验人员的误差。产生系统误差的原因通常是可以被发现的，原则上可以通过修正、改进加以排除或减小，但要求测量者有丰富的实践经验才能达到。随机（偶然）误差是指测量中出现的大小和方向都难以预料，且变化方式不可预知的测量误差。但当测量次数足够多时，随机误差的出现和分布总是服从一定的统计规律。因此可以通过增加实验次数来减小随机误差，但不能完全消除。

1.4.3 测量结果的评价

测量的精密度、准确度和精确度都是评价测量结果的术语，但目前使用时其涵义并不尽一致，以下介绍较为普遍采用的说法。

精密度是指对同一被测量作多次重复测量时，各次测量值之间彼此接近或分散的程度，它表现了测量结果的再现性。它是对随机误差的描述，它反映随机误差对测量的影响程度。随机误差小，测量的精密度就高。精密度用偏差来表示：

$$绝对偏差＝个别测量值－测量平均值$$

$$相对偏差＝\frac{绝对偏差}{测量平均值}\times100\%$$

实际做实验时，都是有限次测量，因此实际应用中经常用到单次测得值的标准偏差 S，其公式如下：

$$S=\sqrt{\frac{\sum\limits_{i=1}^{n}(X_i-\overline{X})^2}{n-1}}$$

式中，n 为测量次数；X_i 为每次测定结果；$\overline{X}$ 为测量平均值。

准确度是指被测量的总体平均值与其真值接近或偏离的程度。它是对系统误差的描述，它反映系统误差对测量的影响程度。系统误差小，测量的准确度就高。

精确度是精密度和准确度的合称，是对测量的随机误差及系统误差的综合评定。它反映随机误差和系统误差对测量的综合影响程度。只有随机误差和系统误差都非常小，才能说测量的精确度高。

1.4.4 误差的消除

① 减小绝对误差，使得原始数据更接近真值。

② 通过增加平行测定次数来减小随机误差，提高精密度。但平行次数过多

在实际实验操作中不切实际、得不偿失，一般 3～5 次平行测定即可。

③ 减小系统误差。用组成与试样相近的标准试样来测定，将标准值与测定结果比较，用统计学检验方法来确定有无系统误差；用标准方法与所选方法同时测定试样，对两种方法的测定结果进行比较，用统计学检验方法来确定有无系统误差。可通过空白实验、回收率测定（回收率 $= \dfrac{\text{测出的标样量}}{\text{标样加入量}} \times 100\%$）及仪器校正和方法来减小系统误差。

1.5　实验数据处理与表达

1.5.1　数据的记录

在定量分析中，除了要选择准确度和精密度符合要求的实验方法外，要求数据的记录也要准确，根据实验要求、实验方法与所用仪器的精确度进行正确的有效数字记录是必须的。有效数字定义为可靠数字加上可疑数字。可靠数字是测量中能够准确读出的数字，可疑数字是通过估计读出的数字。测量误差对应在有效数字的可疑位上。测量结果应表示成 $X \pm \Delta X$ 的形式，而且测量不确定度的数字与有效数字的可疑位应该具有相同的数量级。

1.5.2　数据的整理

把原始数据按照一定的计算式计算出各种实验结果，并把它们列入数据整理表中，以便在误差分析和其他数据处理时使用。原始数据的处理就涉及有效数字的运算。有效数字进行运算总的规则是：可靠数字与可靠数字运算后仍为可靠数字，可疑数字与可疑数字运算后仍为可疑数字，可靠数字与可疑数字运算后为可疑数字，进位数可视为可靠数字。

对于已经给出了不确定度的有效数字，根据不确定度来决定结果的有效数字位数。具体规则如下：

(1) 加减运算规则　几个数值相加或减时，计算结果只能保留一位可疑数。在弃去过多的可疑数时，按四舍五入的规则进行取舍。即计算结果的有效数字的保留应与小数点后位数最少那个分量的位数相同。

(2) 乘除运算规则　若干个有效数字相乘除时，计算结果的相对误差接近于所有数值中误差最大的，其有效数字位数在大多数情况下与参与运算的有效数字位数最少的那个分量的有效位数相同。

(3) 乘方、开方运算规则　有效数字在乘方或开方时，若乘方或开方的次数不太高，其结果的有效数字位数与原底数的有效数字位数相同。

(4) 对数运算规则　有效数字在取对数时，其有效数字的位数与真数的有效数字位数相同或多取 1 位。

1.5.3　数据的表达

1.5.3.1　列表法

在实验数据的表达上，经常是制成一份适当的表格，把被测量及测得的数据一一对应地排列在表中，称为列表法。

列表的要求：表格设计要尽量简明、合理；在各项目栏中标明所列量的名称和单位；填写测量数据应按有效数字的要求；数据书写应整齐清楚。

1.5.3.2　作图法

为了更清楚直观地观察到实验所得一系列数据间的关系及其变化规律，通常把测得的一系列相互对应的数据及变化的情况用曲线表示出来，称为作图法。

作图的要求：

① 标明坐标轴代表的量名称和单位及写明图表名称。一般用 x 轴代表自变量，用 y 轴代表因变量。

② 标明坐标轴单位长度所代表的量的值及坐标原点数值。

③ 标出数据点。在坐标图上用"△"或"×"等符号标出数据点的位置；用不同的符号区别开不同的量。

④ 连线。若在坐标纸上作图，则连线时应使用直尺或曲线板把点连成直线或光滑曲线，并且应使曲线尽量通过大多数点，其他点应靠近曲线两侧均匀分布，对个别偏离大的点应进行分析；若在计算机上用 Excel、SPSS 等软件作图，则由计算机自动完成。

1.6　实验报告撰写

验证性实验的实验报告的撰写主要包括实验名称、实验目的、实验原理、操作步骤和实验结果记录几个部分。探索性实验和综合设计性实验的实验报告的撰写主要包括实验名称、实验目的、实验设计、操作步骤、实验结果记录和实验现象的分析几个部分。探索性实验和综合设计性实验的实验报告撰写比验证性实验的实验报告撰写要求稍高，这主要是培养学生的科研能力，学会去分析实验结果，充分发挥学生的主观能动性、提高学生的兴趣和能力。

实验报告的撰写要求简明扼要、通俗易懂，尽量根据自己的实验操作体会来简化语言并深化理解。其中实验报告的重点是结果与讨论部分，包括对实验观察到的现象和实验结果与数据的记录、对实验数据的处理和计算、对实验现象和结果的分析讨论和对实验中所遇到问题的探讨等。另外每个实验所列的思考题应结合自己的实验体会在实验报告中认真作出书面回答。

1.7 课程考试方式建议

本课程主要考察两个方面的能力：一是食品化学实验精度的能力；二是针对食品化学问题的实验设计和构思能力。特此采用以下两个考核方式相结合的考核方式。

(1) 食品化学实验能力考核　本考核方式采取教师制订实验内容与实验路线和方法，学生进行实验。成绩的评定采用单个同学的测定结果与全班同学测定结果平均值的相对偏差（RDS%）来确定。一般相对偏差在 ±3% 以内为优，相对偏差在 ±3%～±8% 以内为良，相对偏差在 ±8%～±12% 以内为中，相对偏差在 ±12%～±15% 以内为合格，相对偏差在 ±15% 以外为不合格。

(2) 食品化学问题实验设计能力考核　教师给出一个研究课题，如"红薯淀粉的理化特性的研究"，让学生写出一个实验设计计划书。计划书应该包括研究背景、研究内容、研究路线和设计、实施方案、预期结果等。

参考文献

[1]　汪东风. 食品科学实验技术［M］. 北京：中国轻工业出版社，2006.

[2]　韩雅珊. 食品化学实验指导［M］. 北京：北京农业大学出版社，1992.

（赵国华编写）

第2章
食品化学实验常用仪器

2.1 紫外-可见分光光度计

利用紫外-可见分光光度计测量物质对紫外-可见光（200～1000nm）的吸收程度（吸光度）和紫外-可见吸收光谱来确定物质的组成、含量，推测物质结构的分析方法，称为紫外-可见吸收光谱法或紫外-可见分光光度法（ultraviolet and visible spectrophotometry，UV-VIS）。它属于分子吸光分析法。

2.1.1 原理与结构

2.1.1.1 分子吸光分析法原理

基于物质对光的选择性吸收而建立的分析方法，称为分子吸光分析法。它包括比色法和分子吸收分光光度法。

基于比较待测溶液颜色的分子吸光分析法称为比色法，分为目视比色法和光电比色法。对于有色溶液，在一定条件下，其颜色的深浅与溶液的浓度有关。浓度越高，对光的吸收越多，溶液颜色越深。反之，浓度越低，对光的吸收越少，溶液颜色越浅。因此通过显色反应，然后比较待测溶液与标准溶液颜色的深浅来确定待测物质含量，这就是比色法。如果通过日光照射待测溶液，用肉眼比较溶液颜色深浅，称为目视比色法；如果用稳定的白炽灯光代替目视比色法中的日光，让光源发出的光经过合适的滤光片（以获得待测溶液吸收较多的波段范围较窄的光）后，通过待测试液，再用光电池（将光信号转换为电信号）代替肉眼来检测试液对光的吸收程度（吸光度），以此确定物质含量，这种方法便称为光电比色法。

如果采用分光能力更强的棱镜或光栅代替光电比色法中的滤片，以获得纯度更高的单色光，就会大大提高测定的灵敏度和准确度。这种使用了棱镜和光栅分光系统的分子吸光分析法，称为分子吸收分光光度法。由于这种吸收方法同时可以测定物质的吸光度随入射光波长变化的关系曲线（吸收光谱或吸收曲线），故又称为分子吸收光谱法。

分子吸收分光光度法的理论基础是光的吸收定律（朗伯-比尔定律），即

$$A = \lg \frac{I_0}{I} = \lg \frac{1}{T} = kcL$$

其物理意义是当一束平行单色光通过均匀的溶液时，溶液的吸光度 A 与溶液中吸光物质的浓度 c 及液层厚度 L 的乘积成正比。在一定温度下，摩尔吸收系数 k 愈大，表示该物质对该波长的光吸收能力愈强，用于定量分析的灵敏度愈高。

如果在一试样溶液中有多个组分对同一波长的光有吸收作用，则总吸光度等于各组分的吸光度之和。即 $A = A_1 + A_2 + \cdots + A_n$（条件是各组分的吸光质点不发生作用），这就是物质对光吸收的加和性。

分子吸收分光光度法主要包括可见吸收分光光度法、紫外吸收分光光度法（由于仪器结构相似，两种方法常合并在一起，称为紫外-可见吸收分光光度法）和红外吸收分光光度法（又称为红外吸收光谱法）。

2.1.1.2 紫外-可见吸收光谱法的基本原理

(1) 电子跃迁的类型 紫外-可见吸收光谱属分子吸收光谱，是由分子的外层价电子跃迁产生的，也称电子光谱。每种电子能级的跃迁会伴随若干振动和转动能级的跃迁，使分子光谱呈现出宽带吸收。

当分子吸收紫外-可见区的辐射后，产生价电子跃迁。这种跃迁有三种形式：形成单键的 σ 电子，形成双键或叁键的 π 电子和分子中未成键的孤对电子（称为 n 电子）。分子内的电子能级图见图 2-1。由图 2-1 可见，电子跃迁有 $n \rightarrow \pi^*$、$n \rightarrow \sigma^*$、$\sigma \rightarrow \sigma^*$ 和 $\pi \rightarrow \pi^*$ 四类。各种跃迁所需能量是不同的，其大小顺序为：$\sigma \rightarrow \sigma^* > n \rightarrow \sigma^* > \pi \rightarrow \pi^* > n \rightarrow \pi^*$。

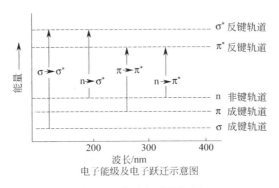

图 2-1　分子电子能级图

① $\sigma \rightarrow \sigma^*$ 跃迁　成键 σ 电子由基态跃迁到 σ^* 轨道。在有机化合物中，由单键构成的化合物，如饱和烃类能产生 $\sigma \rightarrow \sigma^*$ 跃迁。引起 $\sigma \rightarrow \sigma^*$ 跃迁所需的能量很大，因此所产生的吸收峰出现在远紫外区，在近紫外区、可见光区不产生吸收，

故常采用饱和烃类化合物作紫外-可见吸收光谱分析时的溶剂（如正己烷、正庚烷）。

② n→σ* 跃迁　分子中未共用 n 电子跃迁到 σ* 轨道。凡含有 n 电子的杂原子（如 O、N、X、S 等）的饱和化合物都可发生 n→σ* 跃迁。此类跃迁比 σ→σ* 所需能量小，一般在 150～250nm 的紫外光区，k 值在 10^2～10^3L/(mol·cm)，属于中等强度吸收。

③ π→π* 跃迁　成键 π 电子由基态跃迁到 π* 轨道。凡含有双键或叁键的不饱和有机化合物都能产生 π→π* 跃迁。其所需的能量与 n→π* 跃迁相近，吸收峰在 200nm 附近，属于强吸收。共轭体系中的 π→π* 跃迁，吸收峰向长波方向移动，在 200～700nm 的紫外-可见光区。

④ n→π* 跃迁　未共用 n 电子跃迁到 π* 轨道。含有杂原子的双键不饱和有机化合物能产生这种跃迁，如含有 —N=O、—N=N— 等杂原子的双键化合物。跃迁的能量较小，吸收峰出现在 200～400nm 的紫外光区，属于弱吸收。

n→π* 及 π→π* 跃迁都需要不饱和官能团，以提供 π 轨道。这两类跃迁在有机化合物中具有非常重要的意义，是紫外-可见吸收光谱的主要研究对象，因为跃迁所需的能量使吸收峰进入便于实验的光谱区域（200～1000nm）。

(2) 发色团、助色团和吸收带

① 发色团（或生色团）　含有不饱和双键，能吸收紫外、可见光，产生 π→π* 或 n→π* 跃迁的基团称为发色团。例如 —C≡C—、—N=N—、—COOH 等。

② 助色团　含有未成键 n 电子，本身不产生吸收峰，但与发色团相连时，能使发色团吸收峰向长波方向移动，能使吸收强度增强的杂原子基团称为助色团。例如 —NH₂、—OH、—SR、—X 等。

③ 吸收带　在吸收带紫外-可见光谱中的波带位置称为吸收带，通常分为以下四种。

a. R 吸收带　这是由 n→π* 跃迁而产生的吸收带。其特点是强度较弱，一般 $k<10^2$L/(mol·cm)；吸收峰位于 200～400nm 之间。

b. K 吸收带　是由共轭体系中 π→π* 跃迁而产生的吸收带。其特点是吸收强度较大，通常 $k>10^4$L/(mol·cm)；跃迁所需能量大，吸收峰通常在 217～280nm 之间。K 吸收带的波长及强度与共轭体系长度、位置、取代基的种类有关。其波长随共轭体系的加长而向长波方向移动（亦称红移现象，见图 2-2），吸收强度也随之加强。K 吸收带是紫外-可见吸收

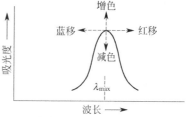

图 2-2　红移、蓝移、增色、减色效应示意图

光谱中应用最多的吸收带，用于判断化合物的共轭结构。

c. B 吸收带　是由于芳香族化合物的 $\pi \rightarrow \pi^*$ 跃迁而产生的精细结构吸收带。吸收峰在 230～270nm 之间，$k \approx 10^4 L/(mol \cdot cm)$。B 吸收带的精细结构常用来判断芳香族化合物，但苯环上有取代基且与苯环共轭或在极性溶剂中测定时，这些精细结构特征会弱化或消失。

d. E 吸收带　由芳香族化合物的 $\pi \rightarrow \pi^*$ 跃迁所产生的，是芳香族化合物的特征吸收，可分为 E_1 带和 E_2 带。E_1 带出现在 185nm 处，为强吸收，$k > 10^4 L/(mol \cdot cm)$；$E_2$ 带出现在 204nm 处，为较强吸收，$k > 10^3 L/(mol \cdot cm)$。

当苯环上有发色团且与苯环共轭时，E 带常与 K 带合并且向长波方向移动，B 吸收带的精细结构简单化，吸收强度增强且向长波方向移动，例如苯和苯乙酮的紫外吸收光谱（图 2-3）。

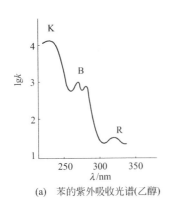
(a)　苯的紫外吸收光谱(乙醇)

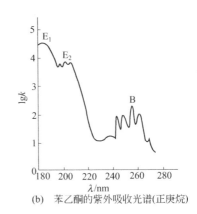
(b)　苯乙酮的紫外吸收光谱(正庚烷)

图 2-3　苯和苯乙酮的紫外吸收光谱

(3) 紫外-可见吸收光谱与分子结构的关系　有机化合物的紫外-可见吸收光谱常被用作结构分析的依据，因为有机化合物的紫外-可见吸收光谱的产生与它的结构是密切相关的。

① 饱和有机化合物　甲烷、乙烷等饱和化合物只有 σ 电子，只产生 $\sigma \rightarrow \sigma^*$ 跃迁，吸收带在远紫外区。当这类化合物的氢电子被电负性大的 O、N、S、X 等取代后，由于孤对 n 电子易激发，使吸收带向长波移动，故含有—OH、—NR_2、—OR、—Cl、—Br 等基团时，有红移现象。

② 不饱和脂肪族有机化合物　此类化合物中含有 π 电子，产生 $\pi \rightarrow \pi^*$ 跃迁，在 175～200nm 处有吸收。若存在有—NR_2、—OR、—SR、—Cl、—CH_2 等基团，也产生红移并使吸收强度增大。对含共轭双键的化合物、多烯共轭化合物，则由于大 π 键的形成，吸收带红移更甚。

③ 芳香族化合物　苯环有 $\pi \rightarrow \pi^*$ 跃迁及振动跃迁，其特征吸收带在 250nm 附近有 4 个强吸收峰。当有取代基时，产生红移。此外芳环还有 180nm 和

200nm 处的 E 带吸收。

④ 不饱和杂环化合物　不饱和杂环化合物也有紫外吸收。

⑤ 无机化合物　无机化合物除利用本身颜色或紫外区有吸收的特性外，为提高灵敏性，常采用三元配合方法。金属离子配位数高，配体体积小，加上另一多齿配体可得到灵敏度增高、吸收值红移的效果。

（4）影响紫外-可见吸收光谱的因素　紫外-可见吸收光谱主要取决于分子中价电子的能级跃迁，分子的内部结构与外部环境都会对紫外-可见吸收光谱产生影响。

① 共轭效应　分子中的共轭体系由于大 π 键的形成，使各能级间能量差减小，跃迁所需能量降低。因此使吸收峰向长波方向移动，吸收强度随之加强的现象，称为共轭效应。

② 助色效应　当助色团与发色团相连时，由于助色团的 n 电子与发色团的 π 电子共轭，结果使吸收峰向长波方向移动，吸收强度随之加强的现象，称为助色效应。

③ 超共轭效应　由于烷基的 σ 电子与共轭体系中的 π 电子共轭，使吸收峰向长波方向移动，吸收强度加强的现象，称为超共轭效应。但其影响远远小于共轭效应。

④ 溶剂效应　溶剂的极性强弱能影响紫外-可见吸收光谱的吸收峰波长、吸收强度及形状。表 2-1 列出了溶剂对异亚丙基丙酮 $CH_3COCH{=}C(CH_3)_2$ 紫外吸收光谱的影响。从表 2-1 可以看出，溶剂极性越大，由 $n{\rightarrow}\pi^*$ 跃迁所产生的吸收峰向短波方向移动（称为短移或紫移），而 $\pi{\rightarrow}\pi^*$ 跃迁吸收峰向长波方向移动（称为长移或红移）。因此，测定紫外-可见吸收光谱时应注明所使用的溶剂，所选用的溶剂应在样品的吸收光谱区内无明显吸收。

表 2-1　异亚丙基丙酮的溶剂效应

跃迁	正己烷	氯仿	甲醇	水	波长位移
$\pi{\rightarrow}\pi^*$	230nm	238nm	237nm	243nm	向长波移动
$n{\rightarrow}\pi^*$	329nm	315nm	309nm	305nm	向短波移动

2.1.1.3　紫外-可见分光光度计

用于测量和记录待测物质对紫外-可见光的吸光度及紫外-可见吸收光谱，并进行定量以及结构分析的仪器，称为紫外-可见吸收光谱仪或紫外-可见分光光度计。

（1）仪器的基本构造　紫外-可见分光光度计其波长范围 $200\sim1000nm$，其结构由光源、单色器、吸收池、检测器和显示器五大部件构成，见图 2-4。

① 光源　光源是提供入射光的装置。要求发射连续的具有足够强度和稳定性的紫外及可见光，并且辐射强度随波长的变化尽可能小，使用寿命长。在紫

图 2-4　紫外-可见分光光度计结构示意图

外-可见分光光度计上最常用的有两种光源：钨灯和氘灯。钨灯是常用于可见光区的连续光源，在可见区的能量只占钨灯总辐射能的 11% 左右，大部分辐射能落在红外区，钨灯提供的波长范围在 300～2500nm。氘灯是用作近紫外区的光源，在 160～375nm 之间产生连续光源。

② 单色器　单色器是将光源辐射的复合光色散成单色光的光学装置，是分光光度计的核心部件，其性能直接影响光谱带通的宽度，从而影响测定的灵敏度、选择性和工作曲线的线性范围。单色器一般由狭缝、色散元件及透镜系统组成。最常用的色散元件是光栅和棱镜。现在的商品仪器几乎都用光栅做色散元件，光栅在整个波长区可以提供良好的、均匀一致的分辨能力，并且成本低，便于保存。

③ 吸收池　用于盛放试液的装置。一般可见区使用玻璃吸收池，紫外光区使用石英吸收池。吸收池的两个光学面必须平整光洁，使用时不能用手触摸。吸收池有多种尺寸和不同构造，根据使用要求选用。

④ 检测器　将光信号转变成电信号的装置。要求灵敏度高，响应时间短，噪声水平低且有良好的稳定性。常用的检测器有光电管、光电倍增管和光电二极管阵列检测器。

光电管能将所产生的光电流放大，可用来测量很弱的光。常用的光电管有蓝敏光和红敏光。前者适用波长范围 210～625nm；后者适用范围 625～1000nm。

光电倍增管比普通光电管更灵敏，它是利用二次电子发射来放大光电流，放大倍数可达 108 倍，是目前高中档分光光度计中常用的一种检测器。

光电二极管阵列检测器是紫外-可见光度检测的一个重要进展。这类检测器用光电二极管阵列作检测元件。通过单色器的光含有全部的吸收信息，在阵列上同时被检测，并用电子学方法及计算机技术对二极管阵列快速扫描采集数据，由于扫描速度非常快，可以得到三维 (A, λ, t) 光谱图。

⑤ 显示器　常用的装置有电表指示、图表指示及数字显示等。现在很多紫外-可见分光光度计都装有微处理机，一方面将信号记录和处理，一方面可对分光光度计进行操作控制。

(2) 仪器的类型　紫外-可见分光光度计主要有单光束分光光度计、双光束分光光度计、双波长分光光度计以及光电二极管阵列分光光度计。

① 单光束分光光度计　单光束分光光度计光路图如前面的图 2-4 所示，一束经过单色器的光，交替通过参比溶液和样品溶液来进行测定。

② 双光束分光光度计　双光束分光光度计的光路设计基本上与单色束相似，

如图 2-5 所示，经过单色器的光被斩光器一分为二，一束通过参比溶液，另一束通过样品溶液，然后由检测系统测量即可得到样品溶液的吸光度。由于采用双光路方式两光束同时分别通过参比池和测量池，使操作简单，同时也消除了因光源强度变化而带来的误差。图 2-6 是一种双光束、自动记录式分光光度计光路系统图。

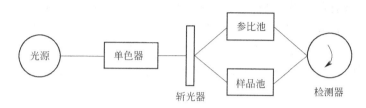

图 2-5　双光束分光光度计测量示意图

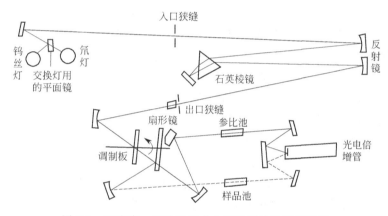

图 2-6　双光束、自动记录式分光光度计光路系统图

③ 双波长分光光度计　双波长分光光度计是用两种不同波长（λ_1 和 λ_2）的单色光交替照射样品溶液（不需使用参比溶液）。经光电倍增管和电子控制系统，测得的是样品溶液在两种波长 λ_1 和 λ_2 处的吸光度之差 ΔA，$\Delta A = A_{\lambda_1} - A_{\lambda_2}$。只要 λ_1 和 λ_2 选择适当，ΔA 就是扣除了背景吸收的吸光度。仪器原理如图 2-7 所示。双波长分光光度计不仅能测定高浓度试样、多组分混合试样，还能测定浑浊试样，而且准确度高。

④ 光电二极管阵列分光光度计　这是一种利用光电二极管阵列作检测器、

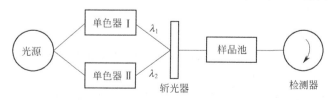

图 2-7　双波长分光光度计原理示意图

由微型电子计算机控制的多通道的紫外-可见分光光度计，具有快速扫描吸收光谱的特点。

从光源发射的非平行复合光，经过透镜聚焦到吸收池上，通过吸收池到达全息光栅，经分光后的单色光由光电二极管阵列中的光电二极管接受，光电二极管与电容耦合，当光电二极管受光照射时，电容器就放电，电容器的带电量与照射到二极管的总光量成正比。由于单色器的谱带宽度接近于光电二极管的间距，每个谱带宽度的光信号由一个光电二极管接受，一个光电二极管阵列可容纳 400 个光电二极管，可覆盖 200～800nm 波长范围，分辨率为 1～2nm，其全部波长可同时被检测而且响应快，在极短时间（2s）内给出整个光谱的全部信息。

2.1.2　操作与维护

2.1.2.1　操作（以 UV-2000 型单光束分光光度计为例）

① 连接仪器电源线，并确保仪器供电电源有良好的接地性能。

② 接通电源，使仪器预热 20min（不包括仪器自检时间）。

③ 用〈MODE〉键设置测试方式：透射比（T），吸光度（A），已知标准样品浓度值方式（C）和已知标准样品斜率（F）方式。

④ 用波长选择旋钮设置所需的分析波长。

⑤ 将参比样品溶液和被测样品溶液分别倒入比色皿中，打开样品室盖，将盛有溶液的比色皿分别插入比色皿槽中，盖上样品室盖。一般情况下，参比样品放在第一槽位中。仪器所附的比色皿，其透射比是经过配对测试的，未经配对处理的比色皿将影响样品的测试精度。比色皿透光部分表面不能有指印、溶液痕迹，被测溶液中不能有气泡、悬浮物，否则也影响样品测试的精度。

⑥ 将 $0\%T$ 校具（黑体）置入光路中，在 T 方式下按 "$0\%T$" 键，此时显示器显示 "000.0"。

⑦ 将参比样品推（拉）入光路中，按 "$0A/100\%T$" 键调 $0A/100\%T$，此时显示器显示的 "BLA" 直至显示 "$100.0\%T$" 或 "$0.000A$" 为止。

⑧ 当仪器显示器显示出 "$100.0\%T$" 或 "$0.000A$" 后，将被测样品推（拉）入光路，这时便可从显示器上得到被测样品的透射比或吸光度值。

⑨ 测定完毕，关闭电源开关，盖好防尘罩。

2.1.2.2　维护

(1) 日常保养与维修

① 如实验室电源电压波动较大，为确保仪器工作状态稳定，最好外加稳压电源，同时仪器保持接地良好。

② 每次使用后应检查样品室是否积存有溢出溶液，经常擦拭样品室，以防废液对部件或光路系统的腐蚀。

③ 仪器使用完毕应盖好防尘罩，可在样品室及光源室内放置硅胶袋防潮，但开机时一定要取出。应经常检查干燥筒内的干燥剂是否已变色失效，以便及时烘干处理或换装新的干燥剂。仪器长时间不用时，在仪器罩内也应放置数袋防潮的硅胶。

④ 仪器的 LED 数码显示器和键盘日常使用和保存时应注意防划伤、防水、防尘、防腐蚀。

⑤ 定期进行性能指标检测，发现问题即与当地的产品经销商或维修点联系。

⑥ 长期不用仪器时，要检查波长的准确性，以保证测定的可靠性，尤其要注意环境的温度、湿度，定期更换硅胶。

(2) 比色皿（吸收池）使用注意事项

① 比色皿要配对使用，因为相同规格的比色皿仍有或多或少的差异，致使光通过比色溶液时，吸收情况有所不同。

② 注意保护比色皿的透光面，拿取时手指应捏住其毛玻璃的两面，以免沾污或磨损透光面。

③ 在已配对的比色皿上，于毛玻璃面上作好记号，使其中一个专置参比溶液，另一个专置试液。同时还应注意比色皿放入比色槽架时应有固定朝向。

④ 如果试液是易挥发的有机溶剂，则应加盖后，放入比色皿槽架上。

⑤ 倒入溶液前，应先用该溶液淋洗内壁 3 次。倒入量不可过多，以比色皿高度的 4/5 为宜。并以吸水性好的软纸吸干外壁的溶液，然后再放入比色皿槽架上。

⑥ 每次使用完毕后，应用蒸馏水仔细淋洗，并以吸水性好的软纸吸干外壁水珠，放回比色皿盒内。

⑦ 不能用强碱或强氧化剂浸洗比色皿，而应用稀盐酸或有机溶剂清洗，再用水洗涤，最后用蒸馏水淋洗 3 次。

参考文献

[1] 苏克曼，张济新. 仪器分析实验 [M]. 北京：高等教育出版社，2005：161-197.

[2] 刘约权. 现代仪器分析 [M]. 北京：高等教育出版社，2006：61-82.

[3] 陈培榕，邓勃. 现代仪器分析实验与技术 [M]. 北京：清华大学出版社，1999：62-84.

[4] 张剑荣，戚苓，方惠群. 仪器分析实验 [M]. 北京：科学出版社，2002：57-76.

（汤务霞编写）

2.2 旋光仪

通过对某些分子的旋光性的研究，可以了解其立体结构的许多重要规律。所谓旋光性就是指某一物质在一束平面偏振光通过时能使其偏振方向转过一个角度的性质。这个角度被称为旋光度，其方向和大小与该分子的立体结构有关。对于溶液来说，旋光度还与其浓度有关。旋光仪就是用来测定平面偏振光通过具有旋光性的物质时旋光度的方向和大小的。

2.2.1 原理与结构

2.2.1.1 基本原理

（1）平面偏振光的产生 一般光源辐照的光，其光波在垂直于传播方向的一切方向振动（圆偏振），这种光称为自然光。当一束自然光通过双折射的晶体（例如方解石）时，就分解为两束相互垂直的平面偏振光，如图 2-8 所示。

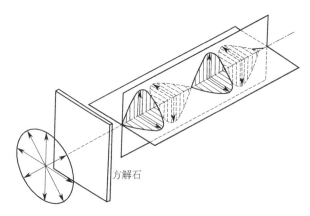

图 2-8　平面偏振光的产生

这两束平面偏振光在晶体中的折射率不同，因而其临界折射角也不同，利用这个差别可以将两束光分开，从而获得单一的平面偏振光。尼科尔（Nicol）棱镜就是根据这一原理来设计的。它是将方解石晶体沿一定对角面剖开后再用加拿大树胶黏合而成（见图 2-9）。

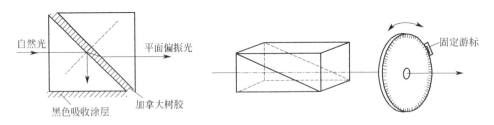

图 2-9　尼科尔棱镜的起偏振原理　　图 2-10　尼科尔检偏镜与刻度盘的相对关系

当自然光进入尼科尔棱镜时就分为两束相互垂直的平面偏振光，由于折射率不同，当这两束光到达方解石与加拿大树胶的界面时，其中折射率较大的一束被全反射，而另一束可自由通过。全反射的一束光被直角面上的黑色涂层吸收，从而在尼科尔棱镜的出射方向上获得一束单一的平面偏振光。在这里，尼科尔棱镜称为起偏镜，它是用来产生偏振光的。

（2）平面偏振光角度的测量　偏振光振动平面在空间轴向角度位置的测量也是借助于一块尼科尔棱镜，此处它被称为检偏镜。它与刻度盘等机械零件组成一个可同轴转动的系统，如图2-10所示。由于尼科尔棱镜只允许按某一方向振动的平面偏振光通过，因此如果检偏镜光轴的轴向角度与入射的平面偏振光的轴向角度不一致，则透过检偏镜的偏振光将发生衰减或甚至不透过。当一束光经过起偏镜（它是固定不动的）时，平面偏振光沿 OA 方向振动，如图2-11所示。设 OB 为检偏镜允许偏振光透过的振动方向，OA 与 OB 的交角为 θ，则振幅为 E 的 OA 方向的平面偏振光可分解为两束相互垂直的平面偏振光分量，其振幅分别为 $E\cos\theta$ 和 $E\sin\theta$，其中只有与 OB 相重的分量 $E\cos\theta$ 可以透过检偏镜，而与 OB 垂直的分量 $E\sin\theta$ 则不能通过。显然当 $\theta=0$ 时 $E\cos\theta=E$，透过检偏镜的光最强，此即检偏镜光轴的轴角度转到与入射的平面偏振光的轴向角度相重合的情况。当两者相互垂直时，$\theta=\dfrac{\pi}{2}$，$E\cos\theta=0$，此时就没有光透过检偏镜。由于刻度盘随检偏镜一起同轴转动，因此就可以直接从刻度盘上读出被测平面偏振光的轴向角度（游标尺是固定不动的）。

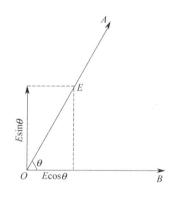

图2-11　检偏原理示意图

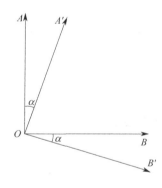

图2-12　物质的旋光作用

2.2.1.2　旋光度的测定和旋光仪的结构及工作原理

旋光仪就是利用检偏镜来测定旋光度的。如调节检偏镜使其透光的轴向角度与起偏镜的透光轴向角度相互垂直，则在检偏镜前观察到的视场呈黑暗，再在起偏镜与检偏镜之间放入一个盛满旋光物质的样品管，由于物质的旋光作用，使原来由起偏镜出来在 OA 方向振动的偏振光转过一个角度 α，这样在 OB 方向上有一个分量，所以视野不呈黑暗，必须将检偏镜也相应地转过一个 α 角度，这样视野才能重新恢复黑暗。因此检偏镜由第一次黑暗到第二次黑暗的角度差，即为被测物质的旋光度，如图2-12所示。

如果没有比较，要判断视场的黑暗程度是困难的，因此设计了一种三分视界

（也可设计成二分视界），以提高测量的准确度。三分视野的装置和原理，如图 2-13 所示。在起偏镜后的中部装一块狭长的石英片其宽度约为视野的 $\frac{1}{3}$，由于石英片具有旋光性，从石英片中透过的那一部分偏振光被旋转了一个角度 φ，如图 2-13（a）所示，此时从望远镜视野看起来透过石英片的那部分稍暗，两旁的光很强。由于此时检偏镜的透光轴向角度处于与起偏镜重合的位置，OA 是透过起偏镜后的偏振光轴向角度，OA' 是透过石英片后的轴向角度，OA 与 OA' 的夹角 φ 称为"半暗角"。旋转检偏镜使 OB 与 OA' 垂直，则沿 OA' 方向振动的偏振光不能通过检偏镜，如图 2-13（b）所示，视野中间一条是黑暗的，而石英片两边的偏振光 OA 由于在 OB 方向上有一个分量 ON，因而视野两边较亮。同理如调节 OB 与 OA 垂直，则视野两边黑暗中间较亮如图 2-13（c）所示。当 OB 与半暗角中的等分角线 PP' 垂直时，则 OA、OA' 在 OB 方向上的分量 ON 和 ON' 相等，如图 2-13（d）所示，视野中三个区的明暗相等，此时三分视野消失。因此用这样的鉴别方法测量半暗角是最灵敏的。具体办法是：在样品管中充满无旋光性的蒸馏水。注意应无气泡。调节检偏镜的角度使三分视界消失，将此时的角度读数作为零点，再在样品管中换以被测试样，由于 OA 与 OA' 方向振动的偏振光都被转过了一个 α 角度，所以必须将检偏镜相应也转过一个 α 角度，才能使 OB 与 PP' 重新垂直，三分视野再次消失，这个 α 角度，即为被测试样的旋光度。

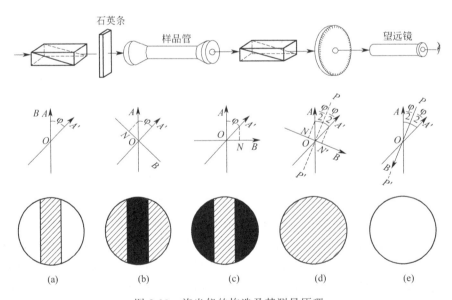

图 2-13　旋光仪的构造及其测量原理

　　从图 2-13（e）可以看出，如果将 OB 再沿顺时针方向转过 $90°$，使 OB 与 PP' 重合，则 OA 与 OA' 在 OB 方向上的分量仍然相等，但该分量太强，整个视野显得特别亮，反而不利于判断三分视界是否消失，因此不能以这样的角度作为标准来测量旋光度。

在近代一些新型的旋光仪中，三分视界的检测以及检偏镜角度的调整，都是通过光-电检测、电子放大及机械反馈系统自动进行的，最后用数字显示或自动记录等二次仪表显示旋光物质的浓度值及其变化。因此也可用于常规浓度的测定、反应动力学研究，以及工业过程的自动检测的控制。现以 WZZ-2 型自动旋光仪（如图 2-14 所示）说明其工作原理。

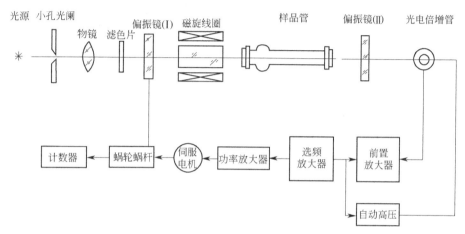

图 2-14　自动旋光仪工作原理示意图

该仪器采用 20W 钠光等作为光源，由小孔光阑和物镜组成一个简单点光源平行光管，平行光经偏振镜（Ⅰ）变为平面偏振光，又经过法拉第效应的磁旋线圈，使其振动平面产生一定角度往复摆动。通过样品后的偏振光振动面旋转某一角度，再经过偏振镜（Ⅱ）投射到光电倍增管上，产生交变的电信号，经放大后在数码管上显示读数。

2.2.1.3　影响旋光度的各种因素和比旋光度

旋光度除了取决于被测分子的立体结构特征外，还受多种实验条件的影响，例如浓度、样品管长度、温度和光源波长等。

(1) 比旋光度　"旋光度"这个物理化量只有相对含义，它可以因实验条件的不同而有很大的差异。所以又提出了"比旋光度"的概念：规定以钠光 D 线（波长为 589nm）作为光源，温度为 20℃时，一根 10cm 长的样品管中，每 1mL 溶液中含有 1g 旋光物质所产生的旋光度，即为该物质的比旋光度，通常用符号 $[\alpha]$ 表示，它与上述各种实验因素的关系为：

$$[\alpha] = \frac{10\alpha}{lc}$$

式中，α 为测量所得的旋光度值，(°)；l 为样品管长度，10cm；c 为每 1mL 溶液中旋光物质的质量，g/mL。

比旋光度可用来度量物质的旋光能力，并有左旋和右旋的差别，这是指测定时检偏镜是沿逆时针还是顺时针方向转动得到的数据，如果是左旋，则应在 $[\alpha]$ 值前面加"－"号。例如 $[\alpha]_{蔗糖}=66.55°$，$[\alpha]_{葡萄糖}=52.5°$，都是右旋物质；$[\alpha]_{果糖}=-91.9°$，是左旋物质。

(2) 浓度及样品管长度的影响　旋光度与旋光物质的溶液浓度成正比，在其他实验条件相对固定的情况下，可以方便地利用这一关系来测量旋光物质的浓度及其变化（事先作出一条浓度-旋光度的标准曲线）。旋光度也与样品管的长度呈正比，通常旋光仪中的样品管长度为 10cm 或 20cm 两种，一般均选用 10cm 长度的，这样换算成比旋光度比较方便，但对于旋光能力较弱或溶液浓度太稀的样品，则须用 20cm 长的样品管。

(3) 温度的影响　旋光度对温度比较敏感，这涉及旋光物质分子不同构型之间平衡态的改变，以及溶剂-溶质分子之间相互作用的改变等内在原因。但就总的结果来看，旋光度具有负的温度系数，并且随着温度升高，温度系数愈负，不存在简单的线性关系，且随各种物质的构型不同而异，一般均在 $-(0.01\sim0.04)℃^{-1}$ 之间。因此在测试时必须对试样进行恒温控制，在精密测定时样品管上必须装有恒温水夹套，恒温水由超级恒温浴循环控制。在要求不太高的测量工作中可以将旋光仪（光源除外）放在空气恒温箱内，用普通的样品管进行测量，但要求将被测试样预先恒温（温度与恒温箱中的温度相同，一般选择在超过室温 5℃ 的条件下进行）然后注入样品管，在恒温 3~5min 后进行测量。

(4) 其他因素的影响　这里值得一提的是样品管的玻璃窗口，如图 2-15 所示。窗口是用光学玻璃片加工制成的，用螺丝帽盖及橡皮垫圈拧紧，但不能拧得太紧，否则光学玻璃会受应力而产生一种附加的作用，即"假的"偏振作用，给测量造成误差。

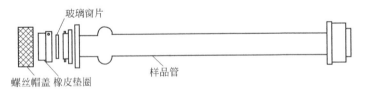

玻璃窗片

螺丝帽盖　橡皮垫圈　　　　样品管

图 2-15　样品管的构造

2.2.2　操作与维护（以 WZZ-2 型自动旋光仪为例）

2.2.2.1　操作

① 将仪器电源插头插入 220V 交流电源，打开电源开关，这时钠光灯应启亮，需经 5min 钠光灯预热，使之发光稳定。

② 打开光源开关，如光源开关扳上后，钠光灯熄灭，则再将光源开关上下重复扳动1～2次，使钠光灯在直流下点亮，为正常。

③ 打开测量开关，这时数码管应有数字显示。

④ 将装有蒸馏水或其他空白溶剂的样品管放入样品室，盖上箱盖，待示数稳定后，按清零按钮。

⑤ 取出空白溶剂的样品管，将待测样品注入样品管，按相同的位置和方向放入样品室内，盖好箱盖。仪器数显窗将显示出该样品的旋光度。

⑥ 逐次揿下复测按钮，重复读几次数，取平均值作为样品的测定结果。

⑦ 如果样品超过测量范围，仪器在±45°处来回振荡。此时，取出样品管，仪器即自动转回零位。

⑧ 仪器使用完毕后，应依次关闭测量、光源、电源开关。

2.2.2.2　维护

① 仪器应放在干燥通风处，防止潮气侵蚀，尽可能在20 ℃的工作环境中使用仪器，搬动仪器应小心轻放，避免震动。

② 在调零或测量时，样品管中不能有气泡，若有气泡，应先让气泡浮在凸颈处；如果通光面两端有雾状水滴，应用软布揩干。样品管螺帽不宜旋得太紧，以免产生应力，影响读数。样品管安放时应注意标记的位置和方向。

③ 钠灯在直流供电系统出现故障不能使用时，仪器也可在钠灯交流供电的情况下测试，但仪器的性能可能略有降低。

参考文献

[1] 尹业平，王辉宪. 物理化学实验 [M]. 北京：科学出版社，2006：84～89.

[2] 北京大学化学学院物理化学实验教学组. 物理化学实验 [M]. 北京：北京大学出版社，2002：80～85，227～229.

（汤务霞编写）

2.3　扫描电子显微镜

2.3.1　原理与结构

扫描电子显微镜是由电子光学系统、信号收集和图像显示系统、真空系统三个基本部分组成。图 2-16 为扫描电子显微镜构造原理的方框图。

2.3.1.1　电子光学系统（镜筒）

电子光学系统包括电子枪、电磁透镜、扫描圈和样品室。

(1) 电子枪　扫描电子显微镜中的电子枪与投射电子显微镜的电子枪相似，只是加速电压比投射电子显微镜低。

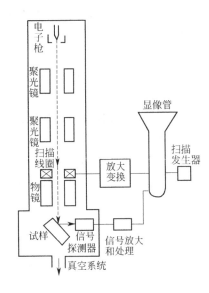

图 2-16 扫描电镜结构原理方框图

(2)电磁透镜 扫描电子显微镜中各电磁透镜都不作透射镜用，而是作聚光镜用，它们的功能只是把电子枪的束斑（虚光源）逐级聚焦缩小，使原来直径为 $50\mu m$ 的束斑缩小成只有数个纳米的细小斑点，要达到这样的缩小倍数，必须用几个透镜来完成。扫描电子显微镜一般都有三个聚光镜，前两个聚光镜是强磁透镜，可把电子束光斑缩小，第三个透镜是弱磁透镜，具有较长的焦距。布置这个末级透镜（习惯上称之为物镜）的目的在于使样品室和透镜之间留有一定的空间，以便装入各种信号探测器。扫描电子显微镜中照射到样品上的电子束直径越小，就相当于成像单元的尺寸越小，相应的分辨率就越高。采用普通热阴极电子枪时，扫描电子束的束径可达到 6nm 左右；若采用六硼化镧阴极和场发射电子枪，电子束束径还可进一步缩小。

(3)扫描线圈 扫描线圈的作用是使电子束偏转，并在样品表面做有规则的扫动。电子束在样品上的扫描动作和显像管上的扫描动作保持严格同步，因为它们是由同一扫描发射器控制的。图 2-17 示出电子束在样品表面进行扫描的两种方式。如图 2-17(a) 所示，当电子束进入上偏转线圈时，方向发生转折，随后又由下偏转线圈使它的方向发生第二次转折。发生二次偏转的电子束通过末级透镜的光心射到样品表面。在电子束偏转的同时还带有一个逐行扫描动作，电子束在上下偏转线圈的作用下，在样品表面扫描出方形区域，相应地在样品上也画出一帧比例图像。样品上各点受到电子束轰击时发出的信号可由信号探测器接收，并通过显示系统在显像管荧光

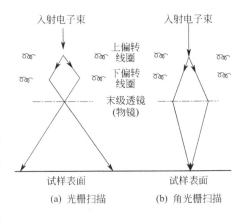

图 2-17 电子束在样品表面
进行的扫描方式

屏上按强度描绘出来。如果电子束经上偏转线圈转折后未经下偏线圈改变方向，而直接由末级透镜折射到入射点位置，这种扫描方式称为角光栅扫描或摇摆扫描，见图 2-17(b)。入射束被上偏转线圈转折的角度越大，则电子束在入射点摆动的角度也越大。在进行电子通道花样分析时，采用的就是这种操作方式。

（4）样品室 样品室内除放置样品外，还安置信号探测器。各种不同信号的收集和相应检测器的安放位置有很大的关系。如果安置不当，则有可能收不到信号或收到的信号很弱，从而影响分析精度。

样品台本身是一个复杂而精密的组件，它应能夹持一定尺寸的样品，并能使样品作平移、倾斜和转动等运动，以利于对样品上每一特定位置进行各种分析。新式扫描电子显微镜的样品室实际上是一个微型实验室，它带有多种附件，可使样品在样品台上加热、冷却和进行机械性能试验（如拉伸和疲劳）。

2.3.1.2　信号的收集和图像显示系统

二次电子、背散射电子和透射电子的信号都可采用闪烁计数器来进行检测。信号电子进入闪烁体后即引起电离，当离子和自由电子复合后就产生可见光。可见光信号通过光导管送入光电倍增器，光信号放大，即又转化成电流信号输出，电流信号经视频放大器放大后就成为调制信号。如前所述，由于镜筒中的电子束和显像管中电子束是同步扫描的，而荧光屏上每一点的亮度是根据样品上被激发出来的信号强度来调制的，因此样品上各点的状态各不相同，所以接受到的信号也不相同，于是就可以在显像管上看到一副反映试样各点状态的扫描电子显微镜图。

2.3.1.3　真空系统

为保证扫描电子显微镜电子光学系统的正常工作，对镜筒内的真空度有一定的要求。一般情况下，如果真空系统能提供 $1.33 \times 10^{-3} \sim 1.33 \times 10^{-2}$ Pa（$10^{-6} \sim 10^{-5}$ mmHg）的真空度时，就可防止样品的污染。如果真空度不足，除样品被严重污染外，还会出现灯丝寿命下降，极间放电等问题。

2.3.2　操作与维护

2.3.2.1　操作

① 启动电源。包括接通电源，开动真空系统进行排气，在真空度达到要求后，接通显示单元电源。

② 放入样品，注意调节样品高度。

③ 设定观察条件。这些条件包括：加速电压、束电流、光阑直径、工作距离、放大倍率以及倾斜角等。注意选择好视野。

④ 聚焦，消散。

⑤ 照相摄影。根据底片选择合适的反差、亮度及拍摄时间。

⑥ 停机。关掉电源和冷却水。

要获得高质量的照片就要求正确地操作和正确地选择观察条件。操作具体步骤，各型号仪器有所不同，具体参照各型号仪器说明书。

2.3.2.2　扫描电子显微镜的观察条件的确定

扫描电镜的观察条件，如加速电压、光阑直径、聚光镜电流以及工作距离等，对扫描电镜的图像有明显的影响。对不同样品不同的要求有各种选择，而每种选择都有其利弊。因此，需根据样品特点和工作要求，权衡得失，选择适当的观察条件。简述如下：

(1) 加速电压效应 电子束射入样品的能量取决于加速电压。加速电压越高，电子深入样品的深度越大，散射区域范围扩大。相反加速电压越低，扫描图像的信息限于表面，图像就越能反映表面真实面貌。加速电压越低，荷电效应越小，使图像质量改善，灰度层次丰富而且电子束造成的损伤也减弱。但加速电压越低，样品表面对于污染变得敏感。而且，加速电压越高，电子束越容易聚集变细，易得到高分辨率，受外界干扰也较少，故合适高倍工作。

(2) 物镜光阑的选择 物镜光阑直径越小则扫描电镜焦深越大，不单聚焦变得容易而且对于凹凸不平的复杂样品，在低倍时仍然可获得清晰聚焦的图像，图像立体感强，易于分析。其次是电子束最小束斑直径也缩小，从而提高像的分辨率。但光阑缩小会使束流减少，从而使信号减弱，信噪比下降而使噪声增大。此外，光阑会因孔径小而易于被污染从而产生像散，造成扫描电镜性能下降。因此，权衡得失，根据需要选择最佳物镜光阑的直径。

(3) 工作距离的选择 从物镜到样品的距离称为工作距离，一般扫描电镜的工作距离在 5～40nm 之间。在高分辨率工作时，希望提高分辨率，要求获得较小的束斑，就必须使用短焦距的强磁物镜。因为强磁透镜像差较小，从而能获得较小的束斑。而强透镜的焦距小，就要求小的工作距离，如工作距离＝5nm。在低倍观察时，样品凹凸不平，要求图像有较大的焦深，则要使用大的工作距离，如工作距离＝40nm。

(4) 聚光镜电流的选择 在扫描电镜中聚光镜的作用是缩小束斑直径。聚光镜电流增大，透镜变强，聚光作用也大，束斑直径变小，则图像分辨率提高，但是，束流变弱，结果信号变弱，信噪比降低，噪声影响大，图像质量下降。因此，在要求高分辨率工作时；使用大的聚光镜电流。在低倍工作时用小聚光镜电流，以减少噪声影响。

2.3.2.3 维护

真空系统的维护对于扫描电镜的正常使用以及寿命的延长至关重要，因此在日常使用中主要要注意以下几点：

① 电镜在不工作时，也要坚持使镜筒内经常保持真空。仪器工作期间，对真空系统的工作情况有足够的注意。

② 机械泵最好每年清洗并将泵油更换一次，以除去杂质和潮气。

③ 扩散泵工作时要注意冷却水的温度。水温太高时，会影响扩散泵的抽速，突然停水后，扩散泵上的保护继电器会跳开，切断电炉，继电器跳开后不能自动复位，冷却水正常后再开机时，要用手按一下继电器中间的按钮，

使其复位。

参考文献

孔明光. AMRAY21000B 扫描电镜真空系统分析及维修 [J]. 现代仪器，2004，（4）：60-61.

（杨冯、赵国华编写）

2.4 质构仪

2.4.1 原理与结构

食品除了它的营养价值外，质地特性如硬度、脆性、胶黏性、回复性、弹性、凝胶强度等也是极其重要的品质因素，国内外多年来一直沿用感官评价来对其进行评价。但由于感官评价的影响因素除了食品本身的色、香、味、质、形外，与评价员的嗜好、情绪、健康状况等不稳定因素有关，从而人为误差较大，存在着一定的缺陷。质构仪（texture analyzer，也称为物性测定仪）是使这些食品的感官指标定量化的新型仪器（图 2-18）。

质构仪主要包括主机、专用软件、备用探头及附件。其基本结构一般是由一个能对样品产生变形作用的机械装置，一个用于盛装样品的容器和一个对力、时间和变形率进行记录的记录系统组成。测试围绕着距离（distance）、时间（time）、作用力（force）三者进行测试和结果分析，也就是说，物性分析仪所反映的主要是与力学特性有关的食品质地特性，其结果具有较高的灵敏性与客观性，并可通过配备的专用软件对结果进行准确的数量化处理，以量化的指标来客观全面地评价食品，从而避免了人为因素对食品品质评价结果的主观影响。

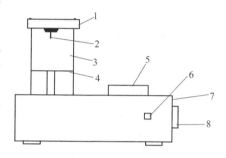

图 2-18 食品质构仪结构简图
1—横梁；2—探头；3—立柱；4—操作台；
5—转速控制器；6—正反开；7—底座；
8—支流电机

常用的质构测定探头主要有以下几种：

（1）圆柱形探头 用来对凝胶体、果胶、乳酸酪和人造奶油等作钻孔和穿透力测试以获得关于其坚硬度、坚固度和屈服点的数据。钻孔测试可用来测压缩力和剪切力。

（2）圆锥形探头 作为圆锥透度计，测试奶酪、人造奶油等具有塑性的样本，测得的结果比流变学方法精确。

（3）压榨板 用来测试诸如面包、水果、奶酪和鱼之类形状稳定不流动的产品。可直接测或切成块测。压榨测试要求被测样本面积小于压榨板，可测量压缩恢复、断裂方式和兼具黏着性和伸缩性的材料的蠕变特性。

(4) 球形探头　用于测量薄脆的片状食物的断裂性质。还可用于锯齿测试，测量水果、奶酪和包裹着的材料的表面坚硬度。

(5) 咀嚼式探头　模仿门牙咬穿食物动作的模拟测试。可以测试肉类样本的韧度和柔软度，还可以测生的和熟的蔬菜纤维。

食品的物理性能都与力的作用有关，故质构仪提供压力、拉力和剪切力作用于样品，配上不同的样品探头，来测试样品的物理性能。测试原理是操作台表面的待测物随操作台一起等速地进行上升或下降运动，在与支架上的探头接触以后，把力传给压力传感器，压力传感器再把力信号转换成电信号输出，由放大器进一步把这种微弱的电信号放大成±5V范围的标准电压信号，然后输出给 A/D 板，A/D 板再把标准电压信号转换成数字信号，输入计算机进行实时监控，并储存起来用于数据的分析处理。

2.4.2　操作与维护

质构仪主要围绕着距离、时间和作用力对试验对象的物性和质构进行测定，并通过对它们相互关系的处理、研究，获得试验对象的物性测试结果。测试前，首先按试验对象的测试要求，选用合适的探头，并根据待测物的形状大小，调整横梁与操作台的间距，然后选择电机转速及操作台的运动方向，当操作台及待测物运动以后，启动计算机程序进行数据采集。以 TA.XT2i 物性测定仪为例说明质构仪操作步骤。

2.4.2.1　样前准备工作

① 开机（主机、电脑电源）。

② 双击"TE-UK"进入系统，选择名字以及输入密码或直接新建名字及密码，然后点击"OK"进入测定界面。

③ 装探头（根据待测样品或所需测定指标决定）。

④ 校正力（每次开机时均要校正，此时不能在探头下加样品）。在窗口菜单上点击"T.A"，弹出菜单点击"Calibrate Force"，点击"OK"，弹出窗口后放上校正砝码，再点击"OK"，测试完后窗口会出现"successed"，然后取下砝码。

⑤ 校正探头（每次开机或调换探头时均要校正，此时不能在探头下加样品）。在窗口菜单上点击"T.A"，弹出菜单点击"Calibrate Probe"，注意"Distance"的选择，然后点击"OK"。

2.4.2.2　操作程序设置

① 加样（将待测样品放置在探头下面），用 Stable Micro Systems 仪表盘上的"FAST"和"↓"同时按动使探头接近并对准待测样品。

② 在窗口菜单点击"Help"，弹出菜单点击"Application Guide"找出相关

测定的参考数据。

③ 在窗口菜单点击"T. A"，弹出菜单点击"T. A Setting"，在此界面进行设置，设置完后点击"Save"保存。

④ 特别注意"Distance"的选择一般用 mm，设置时"Force"不能过大，以免将物体乃至容器压坏，可先估计小些，再慢慢调整。

⑤ 在设置窗口选击"Save"，即可将设置的数据或程序保存，然后点击"Update"刷新即可开始测样。

2.4.2.3 样品测定

① 在窗口菜单上点击"T. A"，弹出菜单点击"Run a Test"，在窗口的"Fild zd."中键入文件名设置，在"Fild No."中键入待测样品序号。

② 在窗口的探头选择"Probe and Product Datal"中点击出已安装探头的型号，在"PPS"即每秒钟计数点中，一般选择"100"或"200"。

③ 设置完成后点击"OK"即可。

2.4.2.4 数据处理

① 在窗口菜单点击"File"，弹出菜单点击"OPEN"打开数据表。

② 在"Process Date"点击"Macro"→"Manager"。

③ 点击"TE-UK"系统窗口上的运行宏。

④ 在处理数据时，若出现 f1、f2、f3 不在所需要的位置时，则所测值无意义，需对落差力进行设置，设置方法："File"→"Perference"→"Graph"，弹出窗口中设置降值落差力"Thold"（注意其余数据不能动）。然后运行宏，使 f1、f2、f3 中之一在最佳测定值位置上。

⑤ Excel 数据库中看硬度值是否与图中相符，若不符合则需点击"Q"出现"Modify"右击，修改"Force"的数值，然后运行宏，得出准确的数值。

⑥ 重复做第二个样时不必重新设置，直接在"T. A"中点击"Quick Test Run"，重复以上操作得出数据。

参考文献

[1] 英国 Stable Micro Systems 公司. TA-XT2i 物性测定仪使用说明书，1997.

[2] 陈纯，汪琳，周骥. 新型食品质构仪的研制 [J]. 农业机械学报，2001，32（1）：69-71.

（王洪伟编写）

2.5 黏度计

黏度是流体的重要物理性质之一，是食品业、油漆业、聚合涂层业、石油工业及其他工业的一个重要的标准特征。测量流体的黏度和流动性在工业生产和基础学科研究中具有十分重要的意义。目前测量流体黏度的方法主要有毛细管法、旋转法、振动法及落球法等，其中旋转法是一种比较常用的方法，被广泛地应用于测量牛顿型流体和非牛顿型流体的黏度及流变特性中。这里以 NDJ-1 型旋转黏度计（图 2-19）为例，主要介绍旋转式黏度计的工作原理、仪器构造和使用方法。

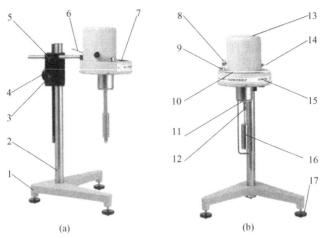

图 2-19　黏度计结构示意图

1—支座；2—升降支架；3—夹头紧松螺钉；4—升降旋钮；5—手柄固定螺钉；6—指针控制杆（橡皮筋）；7—指针；8—变速旋钮；9—水平泡；10—刻度盘；11—保护架或包装保护圈；12—轴连接杆；13—系数表；14—电源开关；15—面板；16—转子；17—调节螺钉

2.5.1　工作原理

旋转式黏度计主要是由一台同步微型电动机带动转筒以一定的速率在被测流体中旋转，由于受到流体黏滞力的作用，转筒会产生滞后，与转筒连接的弹性元件则会在旋转的反方向上产生一定的扭转，通过测量扭转应力的大小就可以计算得到流体的黏度值。

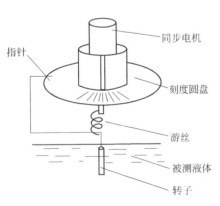

图 2-20　NDJ-1 型旋转黏度计的结构图

如图 2-20 所示，同步电机以稳定的速度旋转，连接刻度圆盘，再通过游丝和转轴带动转子旋转。如果转子未受到液体的阻力，则游丝、指针与刻度圆盘同速旋转，指针在刻度盘上指出的读数为"0"。反之，如果转子受到液体的黏滞阻力，则游丝产生扭矩，与黏滞阻力抗衡，最后达到平衡，这时与游丝连接的指针在刻度圆盘上指示一定的读数（即游丝的扭转角）。将读数乘上特定的系数即得到液体的黏度

（mPa·s）。按仪器不同规格附有 0～4 号五种转子，可根据被测液体黏度的高低随同转速配合选用。

2.5.2 操作与维护

2.5.2.1 操作

① 准备被测液体，置于直径不小于 70mm 高度不小于 130mm 的烧杯或直筒形容器中，准确地控制被测液体温度。

② 将保护架装在仪器上（向右旋入装上，向左旋出卸下）。

③ 将选配好的转子旋入轴连接杆（向左旋入装上，向右旋出卸下）。旋转升降旋钮，使仪器缓慢地下降，转子逐渐浸入被测液体中，直至转子液面标志和液面平为止，再精调水平。接通电源，按下指针控制杆，开启电机，转动变速旋钮，使其在选配好的转速挡上，放松指针控制杆，待指针稳定时可读数，一般需要约 30s。当转速在"6"或"12"挡运转时，指针稳定后可直接读数；当转速在"30"或"60"挡时，待指针稳定后按下指针控制杆，指针转至显示窗内，关闭电源进行读数。注意：按指针控制杆时，不能用力过猛。可在空转时练习掌握。

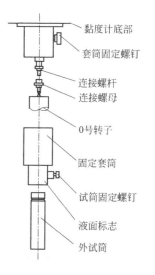

图 2-21 0 号转子安装示意图

④ 当指针所指的数值过高或过低时，可变换转子和转速，务使读数约在 30～90 格之间为佳。

⑤ 使用 0 号转子和低黏度液测试附件可按下列步骤操作（图 2-21）。

a. 将 0 号转子装在连接螺杆上（向左旋转装上）。

b. 将固定套筒套入仪器底部圆筒上，并用套筒固定螺钉拧紧。

c. 配用有底外试筒时，应在外试筒内注入 20～25mL 的被测液体后再按下列步骤操作。配用无底外试筒时，可直接按下列步骤操作。

d. 将外试筒套入固定套筒并用试筒固定螺钉予以拧紧，旋紧时必须注意试筒固定螺钉之锥端旋入外试筒上端之三角形槽内（可在侧面的圆孔中观察试筒三角槽是否位于圆孔中心）。控制好被测液体温度后即可进行测试。

e. 当外试筒和转子浸入液体时，以固定套筒上的红点作为液面线。

⑥ 量程、系数、转子及转速的选择

a. 先大约估计被测液体的黏度范围，然后根据量程表选择适当的转子和转速。如：测定约 3000mPa·s 左右的液体时可选下列配合：2 号转子 6r/min 或 3 号转子 30r/min。

b. 当估计不出被测液体的大致黏度时，应假定为较高的黏度，试用由小到大的转子（大小指外形，以下如同）和由慢到快的转速。原则是高黏度的液体选用小的转子和慢的转速；低黏度的液体选用大的转子和快的转速。

c. 系数：测定时，指针在刻度盘上指示的读数必须乘上系数表上的特定系数才为测得的绝对黏度（mPa·s）。即

$$\eta = k\alpha$$

式中，η 为绝对黏度；k 为系数；α 为指针所指示读数（偏转角度）。

d. 频率误差的修正：当使用电源频率不准时，可按下面公式修正。

$$实际黏度 = 指示黏度 \times \frac{名义频率}{实际频率}$$

2.5.2.2 维护

① 仪器必须在指定频率和电压允差范围内测定，否则会影响测量精度。

② 尽可能利用支架固定仪器测定。若手持操作应保持仪器稳定和水平。

③ 装卸转子时应小心操作，装拆时应将连接螺杆微微抬起进行操作，不要用力过大，不要使转子横向受力，以免影响仪器精度。

④ 装上转子后不得将仪器侧放或倒放。

⑤ 不得在未按下指针控制杆时开动电机。一定要在电机运转时变换转速。

⑥ 连接螺杆和转子的连接端面及螺纹处应保持清洁，否则将影响转子的正确连接及转动时的稳定性。

⑦ 仪器升降时应用手托住仪器，防止仪器自重坠落。

⑧ 每次使用完毕，应及时清洗转子（不得在仪器上进行转子清洗），清洁后要妥善安放于转子架中。

⑨ 装上 0 号转子后，不得在无液体的情况下"旋转"，以免损坏轴尖。

⑩ 使用 0 号转子时不用保护架。

⑪ 不得随意拆动调整、仪器零件，不要自行加注润滑油。

⑫ 仪器搬动和运输时应用橡皮筋将指针控制杆圈住，并套入黄色包装套圈托起连接螺杆，然后用螺钉拧紧。

⑬ 悬浊液、乳浊液、高聚物及其他高黏度液体中，很多都是"非牛顿流体"，其表观黏度随切变速度和时间变化而变化，故在不同的转子、转速和时间下测定，其结果不一致属正常情况，并非仪器不准（一般非牛顿液体的测定应规定转子、转速和时间）。

参考文献

[1] 童刚，陈丽君，冷健. 旋转式黏度计综述 [J]. 自动化博览，2007，(2)：68-70.

[2] 上海恒平科学仪器有限公司. NDJ-1 型旋转式黏度计使用说明书，2002.

（谌小立、赵国华编写）

2.6 气相色谱（GC）

2.6.1 原理与结构

2.6.1.1 原理

GC 是以惰性气体作为流动相，利用样品中各组分在色谱柱中的气相和固定相间的分配系数不同，当汽化后的试样被载气带入色谱柱中运行时，组分就在其中的两相间进行反复多次（$10^3 \sim 10^6$）的分配（吸附—脱附—放出），由于固定相对各种组分的吸附能力不同，因此各组分在色谱柱中的运行速度就不同，经过一定的柱长后，便彼此分离，顺序离开色谱柱进入检测器，产生的离子流信号经放大后，在记录器上描绘出各组分的色谱峰。

2.6.1.2 结构

气相色谱仪主要包括四部分：载气系统、进样系统、分离系统、检测系统。简易结构如图 2-22 所示。

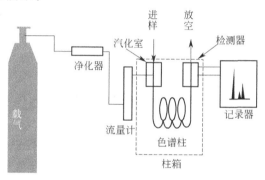

图 2-22　气相色谱仪结构图

（1）载气系统　载气由压缩气体钢瓶供给，经减压阀、稳压阀控制压强和流速，由压强计指示气体压强，然后进入检测器热导池的参考臂，继而进入色谱柱。最后通过热导池、流量计而放入大气。

（2）进样系统　包括进样装置和汽化室。进样通常用微量注射器和进样阀将样品引入。液体样品引入后需要瞬间汽化。汽化在汽化室进行。

（3）分离系统　样品组分在色谱柱中进行分离。其中，色谱柱类型主要包括毛细管柱和填充柱。毛细管柱是将固定相涂在管内壁的开口管，其中没有填充物。毛细管柱的内径从 0.1mm 到 0.5mm。典型的柱长是 30m。而在填充柱内，固定液被涂在粒度均匀的载体颗粒上以增大表面积减少涂层厚度。涂好的填料被填充在金属、玻璃或塑料管内。大多数金属填充柱的外径是 1/8in 或 1/4in❶。玻

---

❶　1in＝0.0254m。

璃柱通常是1/4in 外径，但是内径不同，使之与两种规格的不锈钢柱有相同的分离效果。色谱柱中推荐的载气流速（mL/min）如表2-2所示。

表2-2　常见色谱柱推荐的载气流速　　　　　　　　　　　　mL/min

类　型	直径	氢气	氦气	氮气
填充柱	1/8in	30	30	20
填充柱	1/4in	60	60	50
毛细管柱	0.05mm	0.2~0.5	0.1~0.3	0.02~0.1
毛细管柱	0.1mm	0.3~1	0.2~0.5	0.05~0.2
毛细管柱	0.2mm	0.7~1.7	0.5~1.2	0.2~0.5
毛细管柱	0.25mm	1.2~2.5	0.7~1.7	0.3~0.6
毛细管柱	0.32mm	2~4	1.2~2.5	0.4~1.0
毛细管柱	0.53mm	5~10	3~7	1.3~2.6

色谱柱的选择是色谱分析的关键。气体分析通常用填充柱完成。填充柱有足够的柱容量来适应较大体积的气体进样量。气体样品分析常用填料包括：分子筛（氧气、氮气、氦气、氢气、二氧化碳、一氧化碳、甲烷等）、氧化铝（丙烷或更大分子量的化合物）、多孔性聚合物微球（乙烷、丁烷、二氧化碳等）。

毛细管柱有比填充柱更高的分离度，即使选择性低一些，通常也能实现足够的分离。一根毛细管柱能够完成多种分析，而用填充柱则可能需要多根才能完成。对毛细管柱和填充柱都适用的固定液有：甲基硅烷——非极性到中等极性；苯基甲基硅烷（5%~50%的苯基）——烯烃，芳香化合物，中等极性化合物；聚乙二醇——酸，强极性的物质。

柱温可以采用恒温或程序升温。程序升温在分析过程中柱温随时间而变化，通常是升高柱温。它的优点是：减少分析时间；使整个分离过程中峰形一致，检测和测定更容易。缺点：样品组分将经历比恒温分离更高的温度，这可能会导致某些敏感组分降解；在两次进样之间柱温箱必须冷却到初始温度，这样就抵消了部分所节省的分析时间。

（4）检测系统　检测器将色谱分离后的各组分的量转变成可测量的电信号，然后记录下来。常用的检测器有热导检测器（TCD）、火焰离子化检测器（FID）、电子捕获检测器（ECD）、火焰光度检测器（FPD）等，其测定及应用见表2-3。

表2-3　常见检测器的性能

检测器	载气种类	检测浓度/(mg/kg)	应　　用
TCD	氦气、氢气、氮气、氩气	>50	无机气体、有机化合物
FID	氮气、氦气	>5	有机化合物
ECD	氮气	>5	有机卤素等化合物
FPD	氦气、氮气	约0.1	硫、磷化合物

几种常用的检测器中，火焰离子化检测器（FID）尤为常用，其工作原理：从色谱柱流出的载气和氢气混合后在空气中燃烧。FID有两个电极，其中之一是火焰燃烧的喷嘴，另一个加上极化电压后用来收集火焰中的离子。当组分进入火焰时，收集极所记录到的电流增大。该电流经过放大后形成色谱图。FID对在火焰中产生离子的任何物质都有响应，几乎包括所有有机化合物（有少数例外）。

2.6.2 操作与维护

2.6.2.1 操作

把待检测样品装入进样瓶中，根据实验条件要求在GC配套的软件上设置好柱温、进样口流量、温度和检测器参数，运行即可。

2.6.2.2 图谱解析

保留时间——由于被分离组分与色谱柱固定相相互作用所造成的滞留时间。

色谱峰大小可以通过峰高或峰面积来测定，二者都是相对于基线而言的。色谱峰下的基线不能直接测量，它必须从色谱峰两侧的基线处测量。峰高是从峰尖到基线的垂直距离。峰面积是指由色谱峰信号曲线和基线所围成的面积，最好通过电子方式来测量，如图2-23所示。

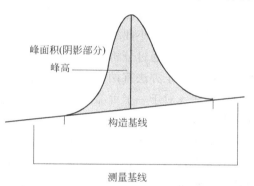

图 2-23　气相色谱色谱峰

积分仪和数据处理系统。积分仪用来测量色谱峰的面积和峰高以及峰保留时间。它们能够方便而重现地将曲线（色谱图）转换为表格（时间和大小）。数据处理系统不仅有积分仪同样的优点，而且具有更多的功能：软件控制的积分仪比机械的积分仪更灵活；不用重复进样，可以采用不同的积分和计算参数对数据进行再处理；系统能够给出用户所需要的报告格式、色谱峰的校准变得非常简单、既可以进行一点，也可以进行多点校准、原始数据和已处理的数据可以被保存以备后用、系统可以同时处理多台气相色谱仪的数据。积分仪或数据处理系统处理绘制基线和测量峰高和峰面积的结果即为测量的响应值（MR）。

利用气相色谱进行组分定性时，因为许多化合物可能在同一时间（或几乎同一时间）流出色谱柱，因此仅仅依靠气相色谱本身是不能对一个完全未知的化合物进行定性的。当一个未知的峰被初步确定后，还必须在别的不同性质的色谱柱上重现以得到确认。如果一个化合物在基于沸点分离的柱（甲基硅氧烷）和极性柱（聚乙二醇）上有正确的保留时间，此定性很可能就是正确的。GC可以和质谱或其他选择性检测器联用以提供明确鉴定未知组分所需的辅助数据。

气相色谱组分定量主要包括未校准计算方法和校准计算方法。

未校准计算——峰面积与峰高百分比法，即在一次进样分析过程中每一个色谱峰所占总的峰面积或峰高的百分比。假设检测器对所有组分都有相同的响应，计算公式为：

第 n 个峰含量＝[第 n 个峰的 MR/一次进样的所有 MR 的和]×100%

优点：快速，因为不需要进行校准；进样量在一定范围内变化不影响结果。缺点：所有组分的色谱峰必须能够检测到；任何没有被检测到或有没流出色谱柱的峰都会减少 MR 的总和，这会造成所有被测物质含量值偏高。适用范围：为建立校准表而列出响应信号和保留时间；要进行快速分析，与设定的极限值比较，结果重现；用于过程监测，产品检验测试等；不能用于对绝对准确度要求高的分析。

校准计算。如果峰面积和峰高百分比定量不能满足需要，就要用标准样品分析所得数据进行校准计算，以建立单个色谱峰的定量校准曲线。最简单的校准是响应因子，它是通过已知组分的含量除以相应峰的大小来计算的。响应因子是组分含量对色谱峰大小曲线的斜率。

响应因子可通过分析一个含有所有欲校准组分的标准混合溶液来进行测定。但是，响应因子方法有两个假设的前提条件：含量-峰面积（峰高）曲线经过原点且是直线。对于一个可靠的校准，两个前提条件都必须通过实验来加以证明。如果曲线确实是一条直线且确实通过原点，则响应因子是有效的（图 2-24）。图 2-24 中，响应因子可用于色谱峰 A 和 B，但不适用于色谱峰 C。对于色谱峰 A 和 B 校正的响应值（CR）：峰的 CR 值＝峰的 MR 值×色谱峰响应因子；对于色谱峰 C：峰的 CR 值＝色谱峰 MR 值的响应曲线量，需要数据处理系统才能完成。

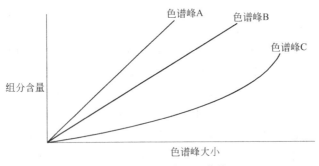

图 2-24　含量-峰面积曲线

① 归一化法

第 n 个色谱峰含量＝[第 n 个色谱峰的 CR 值/所有峰的 CR 之和]×100%

优点：可对组分灵敏度差异进行校正，这对流出早的色谱峰的计算结果更加准确；进样量在一定范围内变化不影响结果。缺点：此方法必须经过校准；所有的峰都必须能被检测，任何没有被检测到或有没流出色谱柱的峰都会减少 CR 的总和，这会造成所有被测物质含量值偏高；所有的峰都必须被鉴定和校准，以求达到最高的准确度，未知的（故未校准）峰将会降低校准的绝对准确度。适用范围：如果没有高沸点化合物存在，就可给出非常准确的结果。

② 外标法　外标法最大的优点是只对目标化合物的色谱峰进行校准即可。第 n 个色谱峰含量＝第 n 个色谱峰的 CR 值。优点：只需对目标化合物进行校准；只需目标化合物流出色谱柱并被检测即可；每一个校准的峰都是独立进行计算的。缺点：必须对目标化合物进行校准；外标法假定仪器漂移是可以忽略的，必须定期用已知测试样进行测试以确证这一点；因为外标法是绝对计算而非相对计算，因此恒定的进样量是至关重要的。适用范围：使用进样阀进行气体分析。

③ 内标法　内标法对每一个色谱峰提供独立的计算。它同时还对进样量的波动、仪器漂移和其他影响因素进行校正。

第 n 个峰的含量＝[第 n 个峰的 CR 值/内标峰的 CR 值]×内标峰的含量

内标峰的含量是在分析之前加在待测样品中的已知内标化合物的含量。优点：只需对目标化合物进行校准；只需目标化合物流出色谱柱并能够检测到；每一个校准峰是独立计算的；进样量微小的变化不影响测定结果；微小的仪器漂移不影响测定结果。缺点：必须对目标峰进行校准；每个样品中必须加入已知量的内标化合物。适用范围：要求高准确度的液体样品分析。

2.6.2.3　维护

(1) 进样垫　进样垫为常用消耗品，一般使用次数为 100 次，更换旧隔垫时注意不要遗失导针器。新隔垫安装时要使用镊子，以免污染隔垫，影响分析。新隔垫安装完成后将压盖拧到底，然后回拧 180°，以便进样，同时延长隔垫寿命。

(2) 衬管　如果保留时间漂移或重现性变差或检测到鬼峰，则可能是石英棉的位置移动了或变脏了，或玻璃衬管脏了。

(3) 石英棉　通常要在玻璃衬管内装填一定量的石英棉，用于充分混匀汽化样品，并防止难挥发的化合物污染毛细管。石英棉应位于进样针下方 1～2mm 处，太近或太远都会造成分析结果的重现性变差。

(4) 毛细柱的安装　在毛细柱两端安装石墨压环。用所配的压环安装夹具将石墨压环装到毛细柱的两端，压环安装夹具上标有"S"或"F"等表明其是进样口还是检测器端的压环安装夹具。安装石墨压环的步骤：

① 抽出石墨压环的环芯，将色谱柱穿过压环（图 2-25）。

② 将色谱柱穿过压环安装夹具，并在管口伸出约 10mm 的长度，将柱螺母拧紧，使石墨环紧紧地卡在色谱柱上（图 2-26）（柱螺母应先用手拧紧，然后用扳手拧 3/4 圈）。

③ 在色谱柱穿过石墨压环孔心时，柱口可能进入一些石墨粉，需要将压环安装夹具中伸出的毛细柱用毛细柱切割刀截去（图 2-27）。压环安装夹具的管口应与截去后的色谱柱端口平齐。毛细管色谱柱的切口应平滑。用镊子取下多余的

图 2-25　色谱柱安装第一步

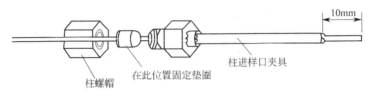

图 2-26　色谱柱安装第二步

石墨时要小心，切勿损坏毛细管柱。

图 2-27　色谱柱安装第三步

④ 卸去压环安装夹具，石墨压环的位置如图 2-28 所示。

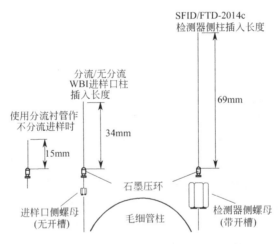

图 2-28　色谱柱安装石墨压环位置控制

参考文献

安捷伦科技公司. 安捷伦气相色谱仪说明书，2002：18-57.

（赵国华编写）

2.7 酸度（pH）计

酸度计是专门用于测量液体 pH 值的一种分析仪器。就 pH 值测定的方法而言，目前最常用的有：pH 试纸法、比色法和酸度计法。

酸度计法由于具有灵敏度好、分析速度快、测量精确度高（可精确到 0.01pH 单位）、设备简单、操作方便等特点，而且它不受溶液中氧化剂或还原剂的影响，还可用于有色、浑浊或胶体状态的溶液，因而在食品科学研究等领域得到了广泛的应用。

2.7.1 原理与结构

电位法测定溶液 pH 值用的仪器称为酸度计或 pH 计。酸度计是一种高阻抗的电子管或晶体管式的直流毫伏计，它既可用于测量水溶液的酸度，又可用作毫伏计测量电池电动势。酸度计有实验室用和工业用之分。实验室用酸度计型号很多，但其构造一般均由两部分组成，即电极系统和电计两部分。电极与待测溶液组成原电池，以电计测量电极间电位差，电位差经放大电路放大后，由电流表或数码管显示。目前应用较广的是数显式的 pHS-3 系列精密酸度计。

电位测定法测定溶液 pH 值，是以 pH 玻璃电极为指示电极，饱和甘汞电极为参比电极与待测液组成工作电池。

$$25℃时，电池电动势 E = K + 0.059pH_{试} \qquad (2-1)$$

式中，K 在一定条件下是常数。可见电池电动势在一定条件下与测试溶液的 pH 值成线性关系。另外，也可以使用 E-209-C9 复合电极与待测溶液组成工作电池进行测量。E-201-C9 复合电极是 pH 玻璃电极（指示电极）和银-氯化银电极组合在一起的塑料壳可充式复合电极。由于式(2-1) 中 K 是一个不固定的常数，很难通过计算得到，因此普遍采用已知 pH 值的标准缓冲溶液在酸度计上进行校正。即先测定已知 pH 值标准缓冲溶液的电动势 E_s，然后再测定试液的电池电动势 E_x。若测量 E_x 和 E_s 时条件不变，假定 $K_x = K_s$，根据式（2-1）可得：

$$25℃时 \ pH_x = pH_s + (E_x - E_s)/0.059 \qquad (2-2)$$

这就是 pH 值操作定义，即通过分别测定标准缓冲溶液和试液所组成工作电池电动势就可求出试液的 pH 值。

由上可知 pH_x 与 pH_s 相差 1pH 单位时，E_x 与 E_s 相差 0.059V，酸度计即按此进行分度。将 0.059V/pH 称为 25℃时直线的斜率（或称玻璃电极转换系数）。直线斜率与温度成函数关系。为了保证在不同温度下测量精度符合要求，在测量中要进行温度补偿，酸度计设有此功能。

根据 pH 值操作定义，测定溶液 pH 值时，必须先用已知 pH 值的缓冲溶液在酸度计上进行较正。校正酸度计的方法一般有"一点校正法"和"二点校正法"两种。如果使用的是不带"斜率"调节器的酸度计，GB/T 9724—2007 规定，应采用"一点校正法"。具体方法是：制备两种标准缓冲溶液，使其中一种的 pH 值大于并接近试液的 pH 值，另一种小于并接近试液的 pH 值 [由于式 (2-2) 是在假设 $K_x = K_s$ 条件下得出的，而在实际测量过程中，往往因为某些因素的改变，导致 K 值发生变化，因而带来误差。为了减少误差应选用 pH 值与待测溶液 pH 值相近的标准溶液]。先用一种标准缓冲溶液与电极组成工作电池，将温度补偿调节器调至标准缓冲溶液的温度处，调节"定位"调节器，使仪器显示出标准缓冲溶液在该温度下的 pH 值。保持"定位"调节器不动，再用另一种标准缓冲溶液与电极组成工作电池，调节温度补偿钮至溶液的温度处，此时显示屏所显示的 pH 值应是缓冲溶液在此温度下的 pH 值。GB/T 9724—2007 规定，相互校准误差不得大于 0.1pH 单位。

对于精密的 pH 测定，GB/T 9724—2007 规定采用"二点校正法"，就是先用一种 pH 标准缓冲溶液定位，再测定另一种 pH 标准缓冲溶液，此时不要动"定位调节器"，而是调节"斜率"调节器，使仪器显示值与第二种 pH 标准缓冲溶液的 pH 值相同。经过校正后的酸度计，可直接测量溶液的 pH 值。

2.7.2　操作与维护

2.7.2.1　操作

(1) 酸度计使用前准备（以 pHS-3F 为例）

① 把酸度计的三芯电源插头插入 220V 交流电源座（pHS-3F 酸度计的电源插口和电源开关位置均在仪器后左角），接通电源开关（向上），预热 20min。

② 置选择按键开关于"mV"位置（注意：此时暂不要把玻璃电极插入输入座内），若仪器显示不为"000"，可调节仪器后右角的"调零"电位器，使其显示为正或负"000"，然后锁紧电位器。

(2) 检查、处理和安装电极

① pH 玻璃电极的检查、处理和安装　根据被测溶液大致 pH 值（可使用 pH 试纸试验确定），选择合适型号的 pH 玻璃电极（已在蒸馏水中浸泡 24h 以上）。仔细检查所选电极的球泡是否有裂纹；内参比电极是否浸入内参比溶液内；参比液内是否有气泡。若有裂纹或内参比电极未浸入内参比液者不能使用。参比液内有气泡应稍晃动，除去气泡。将所选择的 pH 玻璃电极用蒸馏水冲洗后固定在电极夹上，球泡高度略高于甘汞电极下端。

② 甘汞电极的检查、处理和安装　取下甘汞电极下端和上侧小胶帽。检查电极内的饱和氯化钾液位是否合适，电极下端是否有少量 KCl 晶体，若液位低或无晶体应由上侧小口补加饱和 KCl 溶液和少量 KCl 晶体。检查甘汞电极外管饱和 KCl 溶液中是否有气泡，若有气泡应稍晃动，赶走气泡；检查电极下端瓷

芯是否堵塞，氯化钾溶液是否能缓缓从下端陶瓷芯渗出。检查方法是：先将瓷芯外部擦干，然后用滤纸贴在瓷芯下端，如有溶液渗出，滤纸上有湿印，则证明瓷芯毛细管未堵塞。用蒸馏水清洗电极外部，滤纸吸干后，置电极夹上。电极下端略低于玻璃电极球泡下端。将甘汞电极导线接在仪器后右角甘汞电极接线柱上，把玻璃电极引线柱插入仪器后右角玻璃电极输入座。

(3) 校正酸度计（二点校正法）

① 将选择按键开关置"pH"位置。

② 取一洁净塑料试杯（或 100mL 烧杯）用 pH＝6.86（25℃）的标准缓冲溶液荡洗三次，倒入 50mL 左右的该标准缓冲溶液。

③ 测量标准缓冲溶液温度，调节"温度"调节器，使所指示的温度刻度为标准缓冲溶液的温度。

④ 将电极插入标准缓冲溶液中。小心轻摇几下试杯，以促使电极平衡。

⑤ 将"斜率"调节器顺时针旋足，调节"定位"调节器，使仪器显示值为此温度下该标准缓冲溶液的 pH 值。

⑥ 将电极从标准缓冲溶液中取出，移去试杯，用蒸馏水清洗二电极，并用滤纸吸干。

⑦ 另取一洁净试杯（或 100mL 小烧杯），用另一种与待测试液 pH 相接近的标准缓冲溶液荡洗三次后，倒入 50mL 左右该标准缓冲溶液。

⑧ 将电极插入溶液中，小心轻摇几下试杯。使电极平衡。

⑨ 调节"斜率"调节器，使仪器显示值为此温度下该标准缓冲溶液的 pH 值。

(4) 测量待测试液的 pH 值

① 移去标准缓冲溶液，清洗电极，并用滤纸吸干。

② 取一洁净试杯（或 100mL 小烧杯），用待测试液荡洗三次后倒入 50mL 左右试液。

③ 用水银温度计测量试液的温度，并将温度调节器置此温度位置上。

④ 将电极插入被测试液中，轻摇试杯使溶液均匀，电极平衡。

⑤ 待数字显示稳定后读取并记录被测液的 pH 值。

⑥ 按上述④、⑤步骤测量另一未知试液的 pH 值。

2.7.2.2 维护

① 短期内不用时，可充分浸泡在蒸馏水或 1×10^{-4} mol/L 盐酸溶液中。但若长期不用，应将其干放，切忌用洗涤液或其他吸水性试剂浸洗。

② 使用前，检查玻璃电极前端的球泡。正常情况下，电极应该透明而无裂纹；球泡内要充满溶液，不能有气泡存在。

③ 测量浓度较大的溶液时，尽量缩短测量时间，用后仔细清洗，防止被测液黏附在电极上而污染电极。

④ 清洗电极后，不要用滤纸擦拭玻璃膜，而应用滤纸吸干，避免损坏玻璃薄膜、防止交叉污染，影响测量精度。

⑤ 电极不能用于强酸、强碱或其他腐蚀性溶液。

⑥ 严禁在脱水性介质如无水乙醇、重铬酸钾等中使用。

⑦ pH 标准物质应保存在干燥的地方，如混合磷酸盐 pH 标准物质在空气湿度较大时就会发生潮解，一旦出现潮解，pH 标准物质即不可使用。

⑧ 配制好的标准缓冲溶液一般可保存 2～3 个月，如发现有浑浊、发霉或沉淀等现象时，不能继续使用。

⑨ 碱性标准溶液应装在聚乙烯瓶中密闭保存。防止二氧化碳进入标准溶液后形成碳酸，降低其 pH 值。

参考文献

[1] 余勇. 数显式酸度计电计示值误差的调试方法 [J]. 计量技术，2001，(4)：43.

[2] 刘英，张燕 pHS-3C 型酸度计常见故障及排除方法 [J]. 计量与测试技术，2006，(5)：24.

[3] 黄晓钰，刘邻渭. 食品化学综合实验 [M]. 北京：中国农业大学出版社，2002.

（付晓萍编写）

2.8 自动凯氏定氮仪

2.8.1 原理与结构

2.8.1.1 工作原理

根据凯氏定氮原理测定氮需要三个步骤，即消解、蒸馏、滴定。凯氏定氮仪可完成自动蒸馏过程，当被测定样品消解完全后，完成下列化学反应：

$$(NH_4)_2SO_4 + 2NaOH \xrightarrow{\text{高温蒸汽}} Na_2SO_4 + 2H_2O + 2NH_3$$

反应中释放的氨气与水蒸气一起经过冷凝管冷凝后，被收集在装有硼酸吸收液（含混合指示剂）的三角瓶中。再用滴定管进行滴定，依据酸滴定量，用下列公式计算含氮量及粗蛋白含量。

$$含氮量：N(\%) = \frac{1.401 \times M \times (V - V_0)}{W}$$

$$粗蛋白含量：P(\%) = N(\%) \times C$$

式中　M——标准酸浓度，mol/L；

　　　W——样品质量，g；

　　　V_0——空白样滴定标准酸消耗量，mL；

　　　V——样品滴定标准酸消耗量，mL；

　　　C——粗蛋白转换系数。

2.8.1.2　设备结构（以 KDY-9820 凯氏定氮仪为例）

仪器是对消解完后的样品进行自动加碱，自动蒸馏的系统，并可向接收三角瓶中自动加硼酸吸收液。该系统主要由微型计算机控制器和蒸气发生器、蒸馏系统、加碱系统、加硼酸系统所组成。仪器的构件组成见图 2-29。

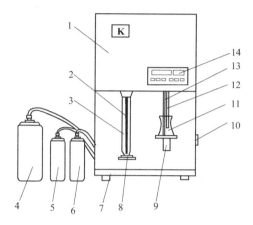

图 2-29　凯氏定氮仪结构示意图

1—前罩（内部装有蒸馏器及冷器）；2—蒸气管；3—样品消煮管；4—加水桶；5—加硼酸桶；6—加碱液桶；7—接液槽；8—消煮管托盘；9—三角瓶滑动托盘；10—电源开关；11—三角瓶；12—加硼酸吸管；13—冷凝液管；14—操作盘

2.8.2　操作与维护

2.8.2.1　操作

（1）化学试剂的准备

① 配制 30%～40% 的氧氧化钠溶液（质量分数）3～5L 加入碱液桶中，不得有气泄漏。溶液在室温变化后不易结晶，避免堵塞管路。

② 配制甲基红-溴甲酚绿混合指示剂。

③ 配制 2% 硼酸溶液 3～5L 加入硼酸液桶中，再把甲基红-溴甲酚绿混合指示剂溶液与 2% 硼酸溶液按比例 1∶100 加入硼酸溶液中，混合均匀。将桶盖拧紧，不得有气泄漏。

④ 配制盐酸滴定液，浓度根据被测样品的含量而定，一般为 0.1～0.05mol/L，浓度需精确标定。

⑤ 消煮样品需备有浓硫酸（8～10mL）、硫酸铜∶硫酸钾为 1∶3 的混合物 6g。

（2）仪器的使用及调整操作

① 水桶内加入供蒸馏使用的水，约 10L，将桶盖拧紧，不得有气泄漏。

水选择如下：

a. 使用蒸馏水为佳。

b. 使用自来水，应保证水质良好，可直接使用。但易结水垢，影响加热效率。

② 接通电源，按仪器左侧电源开关，指示灯亮，装空消煮管和三角瓶于仪器托盘上。

③ 加硼酸、加碱的调整：硼酸桶加入有混合指示剂的2％硼酸溶液，碱桶加入30％～40％氢氧化钠溶液，拧紧桶盖。等待几分钟后，检查两液桶内空气是否充满，若充满时，液桶即鼓胀。按动［硼酸］键，使硼酸液能够加到三角瓶中，待正常后再按［硼酸］键停止加硼酸液。按动［加碱］键，使碱液能够加到消煮管中，待加碱液正常后再按［加碱］键停止加碱液。

④ 加硼酸液、加碱液定量的调整：先将空三角瓶、消煮管分别放在托盘上，按［选择］键，将加硼酸液时间设定为3～5s，再将加碱液时间设定为3～5s，按［启动］键，待加硼酸液、加碱液结束后。将三角瓶托盘按下一次，完成一个工作过程后，用量液桶分别称量三角瓶内的硼酸液和消煮管内的碱液，把液量除以加液时间，计算得到每秒的加液量，以后工作中的加液定量，可根据需用量计算出所需加液量时间。按此时间设定加液量。

⑤ 接收液定量的调整：三角瓶托盘是一套可上下移动的机械机构，它由后面的配重盘前后位置来确定，当三角瓶内接收液体达到一定量时即可自由下落，使接收液管脱离液面，而后蒸馏过程停止。三角瓶内接收液体量一般为100mL左右（液体量增加蒸馏时间延长），确定接收液体量的方法，是将容量150mL的三角瓶内，加入需要接收的液体量。把它放在托盘上，调整机内配重距离，使托盘能自由落下。

⑥ 蒸馏工作的调整：打开自来水开关，调整给水量，使仪器冷凝供水正常。按［蒸馏］键，进入蒸馏工作状态。此时蒸气发生器内水位达到标准后，加热指示灯亮，待有蒸气产生后，蒸馏正常，再按［蒸馏］键关闭蒸馏。仪器已预定在约100mL接收液体量。

⑦ 自动工作过程的调整：在前几项完成后，根据需要设定加硼酸液时间（s）和加碱液时间（s），将三角瓶、消煮管分别放在托盘上，按［启动］键，仪器将先显示加硼酸液时间过程，按秒计时。再显示加碱液时间过程，按秒计时。之后显示蒸馏时间过程，按分钟计时。当三角瓶内接收液体达到预定量后自由落下，蒸馏将自动延时一段时间后结束，显示窗显示闪动的"E"，并发出"嘀—嘀—嘀"约6s的提示音，而后返回到初始状态，显示窗显示闪动的"P"，此时表示自动工作过程正常。

a. 若设定的加硼酸时间或加碱时间为零秒，则自动工作过程完成后显示窗显示"E"不闪动，发出"嘀—"约2s提示音。

b. 若按下［启动］键时，三角瓶托盘仍处于下端，显示窗显示自下而上闪动的"—"符号，并发出"嘀—嘀—嘀"的提示音，提示应放空三角瓶在托盘上，使托盘升起。

⑧ 仪器的使用操作

a. 称取样品于消煮管内，加入硫酸、硫酸铜、硫酸钾上消煮炉加热消煮，待消煮化解完全后取下冷却，而后消煮管内加入 10mL 蒸馏水稀释样品并释放热量冷却备用。

b. 按消煮样品时加入硫酸量计算出需加入氢氧化钠的量，根据计算量设定加碱时间（s）。根据三角瓶内约加 30mL 吸收液，计算设定加硼酸时间。

c. 开仪器电源开关，显示"P"使硼酸状态指示灯亮，按［＋］或按［－］键，设定加硼酸时间（s）。再按［选择］键，使加碱状态指示灯亮，按［＋］或按［－］键，设定加碱时间（s）。

d. 将空三角瓶放在托盘上。此时托盘处在高位，把有样品消煮管在托盘上，要与上端的橡胶塞装紧。

e. 按［启动］键，仪器开始自动向三角瓶中加硼酸，向消煮管内加碱。而后进入蒸馏状态。待三角瓶中冷凝液达到预定体积量时，三角瓶托盘落下，再蒸馏 12s 后，蒸馏停止工作，发出提示声响。

f. 取下三角瓶，用酸滴定管滴定三角瓶中的液体至终点。按含氮量-粗蛋白含量公式进行计算，取得测定结果。

2.8.2.2 维护及保养

① 仪器应安装在符合上述安装条件的地方使用，且通风好。仪器内有热源，同时又有计算机工作，所以应有良好的散热条件。

② 仪器前部槽皿中，若积有液体请经常擦净。

③ 长期使用后，在加热器上会结有水垢，它将影响加热效率。若水垢过厚，在关机状态下，断电，可将蒸气发生器顶上的一个旋塞拧下，管口处插入一个小漏斗，注入除垢剂或冰醋酸清洗水垢（也可用稀释后的硫酸）。清洗后，打开机箱蒸气发生器排水节门将水排净，并加入清水多次清洗。

参考文献

北京市通润源机电技术有限责任公司. KDY-9820 凯氏定氮仪使用说明书.

（黄文书编写）

2.9 水分活度仪

水分活度主要反映物料平衡状态下的水分状态。各种微生物的活动和各种化学与生化反应都有一定的 A_w 阈值，因此 A_w 影响生物制品的营养、风味、色泽、质构、流变特性及微生物生长。测定 A_w 值可以判断产品的货架寿命，选择合理的贮藏条件和包装材料。

2.9.1 原理与结构

水分活度近似地表示为在某一温度下溶液中水蒸气分压与纯水蒸气压之比值。拉乌尔定律指出，当溶质溶于水，水分子与溶质分子变成定向关系从而减少水分子从液相进入气相的逸度，使溶液的蒸气压降低，稀溶液蒸气压降低度与溶质的摩尔分数成正比。水分活度也可用平衡时大气的相对湿度（ERH）来计算。A_w-1 型智能水分活度测定仪由高精度传感器采样，单片机为核心，进行信号采集和处理，并用标准盐饱和溶液分段校准。它具有测量精度高，测量时间短的特点。该机工作稳定，操作简便，主要技术指标均达到国外同类产品的水平，具有较高的实用价值。

仪器的测试原理是通过测试电信号来反应水分活度含量数值。校准的目的正在于解决环境温度、湿度对测试结果的影响，从而建立一个电信号变化与水分活度数值的响应关系。A_w 测量范围：$0.000 \sim 1.000$。

2.9.2 操作与维护

2.9.2.1 开机

打开电源开关，电源指示灯亮，蜂鸣器鸣叫两声，LED 数码显示亮，表示开机正常。数秒后，即显示测量值，15s 后，根据当时的温度，自动重新设定测量时间，秒点开始闪烁，进入稳定的测量周期。

2.9.2.2 校准

① 估计样品 A_w 值，选择 A_w 最为接近的标准盐进行校准。按"标准"键，每按一次分别选中"氯化钾"、"碘化钾"、"硝酸镁"和"自选"，对应红灯亮。

② 选中的标准盐饱和溶液倒入玻璃器皿中约 $1/2 \sim 1/3$ 的高度（玻璃器皿中应有沉淀物），把器皿放入测试盒，顺时针方向旋紧密封，测试盒插头插入仪器后盖板测量插座中。

③ 按"样品"键，使"样品"显示为对应的插座号，按"—"键，则倒计时开始计时。当环境温度在 20℃ 以下时，测量时间为 1.5h，20℃ 以上（含 20℃），为 1h。

④ 同时按"＋"、"—"键，校准红灯亮，当 T 到 00 后，测量时间到，蜂鸣器鸣报数秒钟，校准红灯熄灭，这时 A_w 显示为该标准液的 A_w 值。

⑤ 倒出标准液，清洗并干燥器皿。

⑥ 自选标准液 A_w 的设定：按"标准"选中"自选"灯亮，按"自选"键，A_w 的最末一位闪烁，这时按"＋"，A_w 的最后一位增加"1"，按"—"，则减少"1"。如按"＋"或"—"键的时间超过 2s，可快速增减。调到预定值后，按"自选"键，A_w 设定完毕，停止闪烁，显示测量值，其他步骤按②、③、④和⑤。

2.9.2.3 测量

样品校准完毕后，可测量样品，把样品放入玻璃器皿，块状样品要碾成芝麻粒大小，越小越好，重复②、③、⑤。T 到 00 后，蜂鸣器报数秒钟，这时的 A_w 显示值为该样品的 A_w 值。

2.9.2.4 维护

① 测量头为贵重的精密器件，需轻放轻拿，严禁直接接触样品和水，不能用手触摸。如不小心接触了液体，需自动蒸发干后方能使用。

② 为提高测量精度，测试盒及玻璃器皿应是干燥和清洁的，每次用毕后应清洗干燥处理。测量 $A_w > 0.95$ 样品时，测量 A_w 结束后应立即把测量头放在通风处，经 10min 后方能重新测量。

③ 配制盐饱和溶液时，应用纯水稀释，放置几天后有固体沉积物，才能使用。不必每次测量之前校准，一般在隔几天或要求测量结果特别正确时进行校准。

参考文献

[1] 柯仁楷，黄兴海. 平衡相对湿度 ERH 原理在水分活度测量中的应用 [J]. 中国食品添加剂，2005，(6)：119-123.

[2] 曾庆祝，达式奎. 食品水分活度的快速准确测定方法 [J]. 大连轻工业学院学报，1998，17 (4)：21-24.

[3] 北京北斗星工业化学研究所. 水分活度与食品保质期 [J]. 食品工业科技，2006，27 (10)：36-37.

[4] 谢笔钧. 食品化学 [M]. 北京：科学出版社，2004.

（付晓萍编写）

2.10　快速黏度仪

2.10.1　结构与工作原理

快速黏度分析仪（RVA）是一种由微处理器控制，具有加热、冷却和可改变剪切力的能力的连续记录式旋转黏度计。采集的资料和结果的分析通过计算机接口送达专用软件进行处理。由于它能以可控的方式迅速加热并冷却试样，获得淀粉糊化曲线、糊化温度、峰值黏度等，特别适用于测试淀粉质产品，可在谷物、食品和淀粉工业领域中用于研究、产品开发、工艺控制和质量保证。快速黏度分析仪（RVA）结构与工作原理如图 2-30 所示。

快速黏度分析仪工作的主要原理如下：

① 内置的微处理器和计算机共同完成 RVA 控制和检测（黏度和温度的测量、转速与加热/冷却速率的控制等）功能。操作者可利用在计算机上运行的 Thermocline for Windows 程序设定测试程序并对图形信息进行数据处理和结果分析。

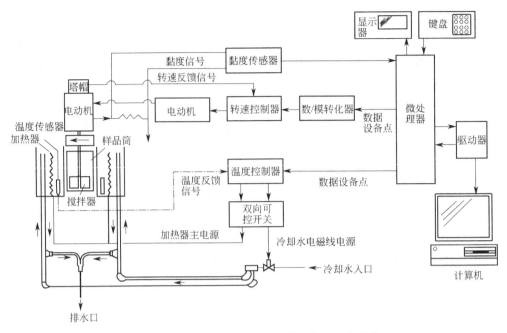

图 2-30　快速黏度仪（RVA）的工作原理与结构

②由计算机控制恒速转动的搅拌器既可保证试样温度均一，又起着黏度传感器的作用。电动机的工作电流由微处理器测量和调节，使搅拌器的转速保持恒定。操作者可根据试样的特点和测试目的选择合适的搅拌器转速（剪切力）。

③使用 RVA 进行测试时，被测试样置于铝制样品筒内。在测试时由铜质哈夫基座夹住铝制样品筒，使其稍有变形，从而保证基座与样品筒紧密接触，使热传导迅速。基座的温度可按设定的程序，由计算机准确控制。

2.10.2　操作与维护

2.10.2.1　操作

①开启 3D- 或 4- 型 RVA，预热 30min。运行 RVA-4 型 TCW 控制软件，设置好测试程序，在同一分析程序下分析样品。输入文件名以便存储数据。

②量取计算好的蒸馏水移入新样品筒中。应按 14% 湿基校正，校正公式为：

$$M_2 = \frac{100-14}{100-W_1} \times M_1$$

$$W_2 = 25.0 + (M_1 - M_2)$$

式中　M_1——与所用的微量对应的试样质量，g；

　　　M_2——校正的试样质量，g；

　　　W_1——试样的实际加水量，%；

　　　W_2——校正的加水量，mL。

③ 将粉碎好的样品移入样品筒内的水面上，每份添加量以②计算数值为准。

④ 将搅拌器置于样品筒中，并用搅拌器桨叶在试样中上下剧烈搅动 10 次。若水面上仍有团块或黏附于搅拌器桨上，可重复搅动操作，直至样品完全溶于蒸馏水。

⑤ 将搅拌器插入样品筒中并将样品筒插接到仪器上。按下塔帽，启动测量循环。测试结束后，取下样品筒并将其丢弃。

⑥ 由糊化曲线可测量糊化温度、峰值黏度、峰值时间、衰减值、最低黏度、回生值和最终黏度。

⑦ 图谱解析

使用快速黏度仪测试粮食糊化特性获得的糊化特性曲线和常用特性参数如图2-31 所示。

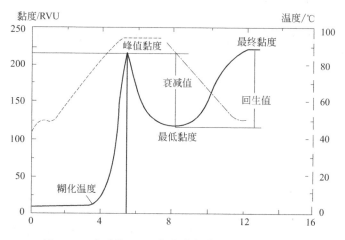

图 2-31 典型的 RVA 糊化特性曲线与主要特征值

图 2-31 中关键参数的定义与意义分别为：糊化温度（pasting temperature），即起始糊化温度，指测试过程中，试样黏度开始有明显增加（≥20cP❶）时的试样温度；峰值黏度（peak viscosity），测试加热期间，试样的最大黏度值，以 cP 或 RVU❷ 计；峰值时间（peak time），试样达到峰值黏度的时间，以 min 计；最低黏度（holding strength），试样冷却前达到的最小黏度值，以 cP 或 RVU 计；最终黏度（final viscosity），测试结束时的试样黏度，以 cP 或 RVU 计；衰减值（breakdown），峰值黏度与最低黏度的差值，以 cP 或 RVU 计；回生值（setback），最终黏度与最低黏度的差值，以 cP 或 RVU 计。

❶ 1cP＝10^{-3}Pa・s＝1mPa・s。

❷ 1RVU＝12mPa・s。

2.10.2.2 维护

注意不同型号的快速黏度分析仪的转速及黏度使用范围，根据原料的不同黏度特征来选择不同型号的快速黏度分析仪进行分析。

参考文献

[1] 凌家煜. 在粮食品质研究中应用快速黏度分析仪（RVA）的情况简介 [J]. 中国粮油学会第二届学术年会论文选编，2002：287-291.

[2] 凌家煜. 快速黏度分析仪及其应用 [J]. 粮油食品科技，2002，10 (3)：35-38.

[3] 赵雅欣，王红英，刘侠. 基于RVA（快速黏度分析仪）预测饲料淀粉糊化度的快速检测方法 [J]. 饲料工业，2006，27 (17)：33-37.

（杨冯、赵国华编写）

2.11 差示扫描量热仪

差示扫描量热法（DSC）是在程序控制温度下，测量试样和参比物的功率差与温度关系的一种技术。差示扫描量热法按所用的测定方法不同，又可分为功率补偿型差示扫描量热法和热流型差示扫描量热法两种。前者测量输入试样和参比物的功率差，后者测量试样和参比物的温度差。测得的曲线称为差示扫描量热曲线或 DSC 曲线。

2.11.1 结构与原理

(1) 功率补偿型差示扫描量热仪 仪器由两个交替工作的控制回路组成。平均温度控制回路用于控制样品按预定方式变化温度，差示温度控制回路用于维持两个样品支持器的温度始终保持一致。其工作原理图如图 2-32 所示。

上述使试样和参比物的温度始终保持为零的工作原理称为动态零位平衡原理。这样得到的 DSC 曲线反应了输入试样和参比物的功率差与试样和参比物的平均温度，即程序温度（或时间）的关系，峰面积与热效应成正比。

(2) 热流型差示扫描量热仪 热流型差示扫描量热仪，用于测量试样和参比物的温度差与温度（或时间）关系，采用差热电偶或差热电堆测量温度差，用热电偶或热电堆检测试样的温度，用外加热电炉实现程序升温，其显著特点是定量测量性能较好。

2.11.2 操作与维护

2.11.2.1 开机

① 依次打开总电源、变压器电源、接线板电源，再打开主机、计算机、显

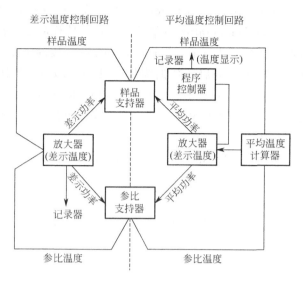

图 2-32　功率补偿型 DSC 仪器工作原理

示器、打印机电源（此仪器使用电压为 110V，请不要动电源插座）。

②　打开氮气钢瓶总阀、分阀，调节分阀，使氮气流量稳定、合适（一般为 20mL/min）。

2.11.2.2　样品准备

①　称量：将底坩埚置于电子天平上归零，取出坩埚，加上少量样品，称量并记录样品重量。（注意：坩埚外侧和底部不能沾附样品！）

②　压片：将装样坩埚置于压样机中，放上盖片，放置合适后将压杆旋下，稍加旋紧即可。

③　同样方法制备参比样品坩埚。本实验室通常以空气作为参比，因此参比样品坩埚可重复使用，一般不需另压参比坩埚。

④　提供不密封铝坩埚和密封铝坩埚两种。测试液体样品需使用密封坩埚。

2.11.2.3　双击 TA 像标，进入仪器控制屏

2.11.2.4　设置实验方法

左击 Method Editor 像标，进入实验方法编辑屏。编辑方法有二。

(1)　创建方法　从 Segment Types 表中选择要运行的程序段，输入有关参数，点 Add，该程序段便加到 Segment Description 中。重复以上步骤，编辑合适的方法。然后点 Save Method 像标，选择子目录，输入方法名，保存。然后缩小此窗口。

(2)　修改方法　点 Load Method 像标，打开某一方法，在已有方法基础上进行修改，并保存（保存方法同上）。

常用的程序段包括 Jump（快速变化到设定温度后马上开始执行下一个程序

段，可能会过温）、Equilibrate（加热或冷却使样品平衡在指定温度，然后开始下一个程序段）、Initial Temperature（加热或冷却，使样品平衡在设定温度后等待实验开始，需点再继续钮执行下一步程序）、Ramp（按固定速率加热或冷却直到指定温度。此程序段可自动启动数据收集）、Isothermal（将样品在当前温度下保持若干时间，此程序段可自动启动数据收集）和Step（在特定的时间间隔内温度跳跃特定度数，直到达到最终温度，此程序段可自动启动数据收集）。

2.11.2.5　输入实验参数

① 左击 Experimental Parameters 像标，输入样品名、样品量、操作者、样品标注和氮气流速等。

② 在 Methods File 栏中调出已保存的实验方法。

③ 输入文件名，其中 C：TA＼DSC＼DATA＼不可更改，在其后输入自己课题组的子目录。

④ 然后再起文件名。文件名的要求与 DOS 文件名一样。

2.11.2.6　测样

① 将参比样坩埚置于炉子的里侧位置（靠近墙壁），试样坩埚置于外侧（靠近操作者），依次盖好内、外炉盖和玻璃罩。

② 检查无误后，点 START 钮，仪器自动按设定的方法进行实验，Instrument Control 窗口实时显示实验结果。

③ 程序运行完毕后，仪器自动终止实验并开始自然降温。待炉温降至200℃以下，打开炉子的玻璃罩和外炉盖（注意：一定要盖上内炉盖，以免水汽进入炉内），用冷却杯冷却炉子。

④ 若要在实验进行过程中修改实验方法，可在实时显示窗口的框外空白处点右键，在出现的小菜单中选 Method-Running Method，根据实际情况作出修改（不能编辑方法）。

2.11.2.7　文件的调出

点 UA 像标，进入数据文件分析窗口。

(1) 选择数据文件　点 Lookup File，显示不同目录下的文件名。用鼠标选择子目录和文件，点 OK，再点 Open File。可以依次调出1～10个文件。

(2) 验证样品参数　点了 Open File 钮后，进入样品参数屏，列出了该图谱的有关参数，此时可验证或修改这些参数。点 OK，进入信号选择屏。

(3) 选择绘图参数　在信号屏选择所要绘图的 X、Y 轴信号。最多可选择四种不同的 Y 轴信号来绘图。点 Select Units 可以选择信号的单位。完成后，点 OK。

(4) 选择数据范围　None，调出完整的数据文件进行分析；Time，限定某一时间范围的数据进行分析；Temp，限定某一温度范围进行分析。一般选None，即调出该文件的全谱。

2.11.2.8　数据处理

(1) Rescale——改变坐标区间和分析范围

① Manual Rescale：输入所需的坐标的起始、终止值。

② Cursor Rescale：用鼠标选择所需的图谱范围。

③ Full Scale：回到最初完整的坐标。

(2) Graph——谱图处理

① Annotate：在图谱上标上注解。

② Smooth Curve：光滑曲线。

③ Shift Curve：移动图谱。

④ Signals：回到信号选择屏，重新选择信号。

⑤ Data Limits：返回数据范围选择屏。

⑥ Analyze menu Options：显示分析项目，进行有关数据处理（也可在图谱区单击鼠标右键，即出现 Analyze 菜单）。主要包括的分析项目有 Integrate Peak（峰积分）——计算热量变化、熔融峰的起始温度、峰尖温度、峰面积；Peak Max（峰最大值）——测定峰最大值；Glass Transition（玻璃化转变）——确定聚合物的玻璃化转变温度；Onset Point（起始温度）——确定改变基线斜率的任何热转变起始温度；Slope（斜率）——计算所选范围内图线的平均斜率；Curve Value（曲线值）——确定曲线轨迹上任何点的 X、Y 坐标值；Point Value（任意点值）——确定坐标范围内任意点的 X、Y 坐标值；Analysis Params（分析参数）——在分析过程中改变分析参数；Axis（轴）——当有两个以上曲线时，可选择某一 Y 轴进行分析和重新标尺；File（文件）——当打开有两个以上文件时，可在不同文件间切换；Curve（曲线）——在 Overlay（叠加）模式选择某条曲线（图谱叠加时使用）；Macro（宏）——用于创建宏文件；Hide/Show Overlay（隐藏/显示叠加）——显示或隐藏叠加曲线（图谱叠加时使用）。

⑦ View：创建报告或浏览详细的数据文件信息。

⑧ Print：打印显示的图谱（打印机选 4039-3，不能点其他钮）。

⑨ File：回到文件窗口。

2.11.2.9　图谱叠加（Overlaying Curves）

① 将要叠加的文件逐个打开至出现图谱；

② 在 Main Options 中选择 Graph—Overlay，出现 Overlay Opening Screen。

③ 点 Add Curve，上弹菜单中显示已打开的各个文件名，从中选要叠加的某一文件及要显示的 Y 轴信号。

④ 重复步骤③，最多可叠加十个图谱（各图谱的坐标单位应一致）。

⑤ Overlay Opening Screen 主要功能键：a. Settings——设置图谱的线型等；b. Adjust Y-Offset——调整图谱 Y 轴方向的位置；c. Adjust Legend——调

整图例的位置；d. Hide Overlay——隐藏叠加方式，回到单文件方式；e. Show Overlay——显示叠加的谱图。

⑥ 在 Main Options 中，选择 Analysis—curve，可选择某一图谱进行处理。

⑦ 选择 Graph—Announce，可在谱图上加标注。

2.11.2.10　UA-TA 窗口的切换

在 UA 窗口，按 Ctrl＋Esc，退出 Universal Analysis，点 TA Controller，切换到 TA Thermal Solutions 窗口。同样方法可从 TA 窗口切换到 UA 窗口。

2.11.2.11　关机

测试完成后，关机，关闭 UA、TA 窗口，点 ShutDown，关闭计算机，然后关闭各机电源。最后关闭氮气钢瓶气阀。

2.11.3　维护

① DSC 的关键部件为加热池，最敏感也最容易受污染，一定要注意保护！对每个待测样品，必须清楚其起始热分解温度，最高测试温度必须低于起始热分解温度 20℃；若热分解温度不确定或未知，必须先在 SDT 上测试后方可进行 DSC 测试，防止测试过程中样品外溢而污染加热池！

② 仪器使用温度范围为－150～500℃（具体测试温度因样品而异！）；升温速率不超过 50℃/min；样品质量不要过多，以小于 5mg 为宜（样品体积一般不要超过 1/2 坩埚体积）。

参考文献

赵文杰，孙永海. 现代食品检测技术 [M]. 北京：中国轻工业出版社，2005.

（杨冯、赵国华编写）

2.12　荧光分光光度计

2.12.1　原理与结构

荧光分光光度计是用于扫描液相荧光标记物所发出的荧光光谱的一种仪器，其能提供包括激发光谱、发射光谱以及荧光强度、量子产率、荧光寿命、荧光偏振等许多物理参数，从各个角度反映了分子的成键和结构情况。通过对这些参数的测定，不但可以做一般的定量分析，而且还可以推断分子在各种环境下的构象变化，从而阐明分子结构与功能之间的关系。荧光分光光度计的激发波长扫描范围一般是 190～650nm，发射波长扫描范围是 200～800nm。可用于液体、固体样品（如凝胶条）的光谱扫描。

荧光光谱法具有灵敏度高、选择性强、用样量少、方法简便、工作曲线线形范围宽等优点，可以广泛应用于生命科学、医学、药学和药理学、有机和无机化学等领域。

由高压汞灯或氙灯发出的紫外光和蓝紫光经滤光片照射到样品池中，激发样品中的荧光物质发出荧光，荧光经过滤过和反射后，被光电倍增管所接受，然后以图或数字的形式显示出来。荧光分光光度计基本结构和原理如图 2-33 所示，光源与检测器成直角方式安排。

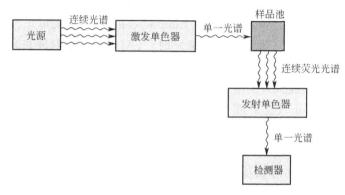

图 2-33　荧光分光光度计基本结构和原理图

（1）光源　为高压汞蒸气灯或氙弧灯，后者能发射出强度较大的连续光谱，且在 300～400nm 范围内强度几乎相等，故较常用。

（2）激发单色器　置于光源和样品室之间的为激发单色器或第一单色器，筛选出特定的激发光谱。

（3）发射单色器　置于样品室和检测器之间的为发射单色器或第二单色器，常采用光栅为单色器。筛选出特定的发射光谱。

（4）样品室　通常由石英池（液体样品用）或固体样品架（粉末或片状样品）组成。测量液体时，光源与检测器成直角安排；测量固体时，光源与检测器成锐角安排。

（5）检测器　一般用光电管或光电倍增管作检测器。可将光信号放大并转为电信号。

2.12.2　操作与维护

2.12.2.1　操作

下面以 HITACHI 产 F-2500 荧光分光光度计为例说明荧光分光光度计的操作与维护：

① 打开电脑后再开仪器电源，双击工作软件图标启动软件。

② 设定测量条件进行。

③ 波长扫描（Wavelength Scan）。

点击快捷栏"Method"参数设定：General 点击 Measurement，选择 Wavelength。

Instrument（仪器条件）

Scan mode	Excitation（激发波长扫描）
	Emission（发射波长扫描）
	Synchronous（同步扫描）
Data mode	Fluorescence（荧光采集）
	Luminescence（发光采集）

当选定 Excitation（激发波长扫描）时，EM WL（发射波长）的输入范围为 200～900nm；EX start WL（激发起始波长）的输入范围 200～890nm；EX end WL（激发终止波长）的输入范围 210～900nm。

当选定 Emission（发射波长扫描）时，EX WL（激发波长）的输入范围 200～900nm；EM start WL（发射起始波长）的输入范围 200～890nm；EM end WL（发射终止波长）的输入范围 210～900nm。

④ 时间扫描。点击快捷栏"Method"参数设定：General 点击 Measurement，选择 Time Scan（其他内容与波长扫描相同）。

⑤ 光度计法。点击快捷栏"Method"参数设定：General 点击 Measurement，选择 Photometry（其他内容与波长扫描相同）。

Quantitation（定量条件）中 Quantitation type（测量类型）可以选择 Wavelength（指定波长）、Peak area（峰面积）、Peak height（峰高）、Derivative（导数）、Ratio（比率）。

Calibration type（曲线校正类型）可以选择 None、1st order、2nd order、3rd order、Semented。

⑥ 退出软件后关毕主机。

2.12.2.2 维护

① 电脑应在灯开启后再开，不然灯无法打开。

② 测定完毕后不要直接关闭电源，应先关电脑屏幕，再关电源，以免损坏仪器。

③ 对 150W 的氙灯稳定寿命的保证时间为 150h，当氙灯使用超过 400h，必须换氙灯，使用仪器过程中，须做好使用氙灯的时间记录，以便作为依据更换氙灯。

④ 交换氙灯时若用手触摸了氙灯灯管，一定要用浸有酒精的纱布等擦干净。

⑤ 若试样池支架沾有了强酸，应将前板提起，卸下支架固定螺钉，将试样池支架从主机卸下后，用水冲洗而干燥之，测试结束后将有机溶剂从试样池取出，不要使试样池在存有溶剂的状态下放置。

⑥ 在实验开始前，应提前打开仪器预热，并配制好所需的溶液，对于已经配制好的溶液，在不用时放在 4℃冰箱中保存，放置时间超过一星期的溶液要重新配制。

⑦ 实验所用的样品池是四面透光的石英池，拿取的时候用手指掐住池体的上角部，不能接触到四个面，清洗样品池后应用擦镜纸对其四个面进行轻轻擦拭。

⑧ 在测试样品时，注意荧光强度范围的设定不要太高，以免测得的荧光强度超过仪器的测定上限。

参考文献

日本 HITACHI 公司. F-2500/F-4500 荧光光度计使用说明.

（王洪伟编写）

第3章
食品化学验证性实验

实验1 食品的水分活度测定（康维皿法和水分活度仪法）

1.1 方法名称：康维皿法测定食品的水分活度

1.1.1 实验目的

① 进一步了解水分活度的概念和扩散法测定水分活度的原理。

② 学会扩散法测定食品中水分活度的操作技术。

1.1.2 实验原理

食品中的水分，都随环境条件的变动而变化。当环境空气的相对湿度低于食品的水分活度时，食品中的水分向空气中蒸发，食品的质量减轻；相反，当环境空气的相对湿度高于食品的水分活度时，食品就会从空气中吸收水分，使质量增加。不管是蒸发水分还是吸收水分，最终使食品和环境的水分达平衡时为止。据此原理，我们采用标准水分活度的试剂，形成相应湿度的空气环境，在密封和恒温条件下，观察食品试样在此空气环境中因水分变化而引起的质量变化。通常使试样分别在 A_w 较高、中等和较低的标准饱和盐溶液中扩散平衡后，根据试样质量的增加（即在较高 A_w 标准饱和盐溶液达平衡）和减少（即在较低 A_w 标准饱和盐溶液达平衡）的量，计算试样的 A_w 值。食品试样放在以此为相对湿度的空气中时，既不吸湿也不解吸，即其质量保持不变。标准饱和盐溶液的 A_w 值见表1。

表1 标准饱和盐溶液的 A_w 值（25℃）

试剂名称	A_w	试剂名称	A_w	试剂名称	A_w
硝酸钾	0.924	硝酸钠	0.737	碳酸钾	0.427
氯化钡	0.901	氯化锶	0.708	氯化镁	0.330
氯化钾	0.842	溴化钠	0.577	醋酸钾	0.224
溴化钾	0.807	硝酸镁	0.528	氯化锂	0.110
氯化钠	0.752	硝酸锂	0.476	氢氧化钠	0.070

1.1.3　材料、试剂与仪器

分析天平、恒温箱、康维氏微量扩散皿、坐标纸、小玻璃皿或小铝皿（直径25～28mm、深度7mm）、凡士林。各种水果、蔬菜等食品。至少选取3种标准饱和盐溶液。

1.1.4　操作与结果

① 在3个康维皿的外室分别加入 A_w 高、中、低的3种标准饱和盐溶液5.0mL，并在磨口处涂一层凡士林。

② 将3个小玻皿准确称重，然后分别称取约1g的试样于皿内（准确至毫克，每皿试样质量应相近）。迅速依次放入上述3个康维皿的内室中，马上加盖密封，记录每个扩散皿中小玻皿和试样的总质量。

③ 在25℃的恒温箱中放置（2±0.5）h后，取出小玻皿准确称重，以后每隔30min称重一次，至恒重为止。记录每个扩散皿中小玻皿和试样的总质量。

④ 计算每个康维皿中试样的质量增减值。

⑤ 以各种标准饱和盐溶液在25℃时的 A_w 值为横坐标，被测试样的增减质量 Δm 为纵坐标作图（图1）。并将各点连结成一条直线，此线与横坐标的交点即为被测试样的 A_w 值。A点表示试样与 $MgCl_2 \cdot 6H_2O$ 标准饱和溶液平衡后质量减少20.2mg，B点表示试样与 $Mg(NO_3)_2 \cdot 6H_2O$ 标准饱和溶液平衡后质量减少5.2mg，C点表示试样与 $NaCl$ 标准饱和溶液平衡后质量增加11.1mg。3种标准饱和盐溶液的 A_w 分别为0.33、0.53、0.75。3点连成一线与横坐标相交于D，D点即为该试样的 A_w，为0.60。

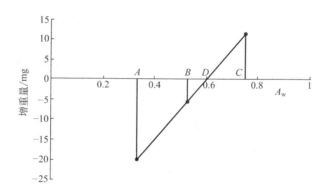

图1　水分活度计算曲线

1.1.5　注意事项与补充

① 称重要精确迅速。

② 扩散皿密封性要好。

③ 对试样的 A_w 值范围预先有一估计，以便正确选择标准饱和盐溶液。

④ 测定时也可选择2种或4种标准饱和盐溶液（水分活度大于或小于试样

的标准盐溶液各 1 种或 2 种）。

1.2 方法名称：水分活度测定仪测定食品的水分活度

1.2.1 实验目的

学会水分活度测定仪测定食品中水分活度的操作技术。

1.2.2 实验原理

水分活度主要反映物料平衡状态下的水分状态。各种微生物的活动和各种化学与生化反应都有一定的 A_w 阈值，因此 A_w 影响生物制品的营养、风味、色泽、质构、流变特性及微生物生长。测定 A_w 值可以判断产品的货架寿命，选择合理的贮藏条件和包装材料。

水分活度近似地表示为在某一温度下溶液中水蒸气分压与纯水蒸气压之比值。拉乌尔定律指出，当溶质溶于水，水分子与溶质分子变成定向关系从而减少水分子从液相进入气相的逸度，使溶液的蒸气压降低，稀溶液蒸气压降低度与溶质的摩尔分数成正比。水分活度也可用平衡时大气的相对湿度（ERH）来计算。

水分活度测定仪主要是在一定温度下利用仪器装置中的湿敏元件，根据食品中水蒸气压力的变化，从仪器表头上读出指针所示的水分活度。

1.2.3 材料、试剂与仪器

苹果块，市售蜜饯，面包，饼干。氯化钡饱和溶液。AW-1 型智能水分活度测定仪（江苏无锡碧波电子设备厂）。

1.2.4 操作与结果

① 将等量的纯水及捣碎的样品（约 2g）迅速放入测试盒，拧紧盖子密封，并通过转接电缆插入"纯水"及"样品"插孔。固体样品应碾碎成米粒大小，并摊平在盒底。

② 把稳压电源输出插头插入"外接电源"插孔（如果不外接电源，则可使用直流电），打开电源开关，预热 15min，如果显示屏上出现"E"，表示溢出，按"清零"按钮。

③ 调节"校正Ⅱ"电位器，使显示为 100.00±0.05。

④ 按下"活度"开关，调节"校正Ⅰ"电位器，使显示为 1.000±0.001。

⑤ 等测试盒内平衡 30min 后（若室温低于 25℃，则需平衡 50min），按下相应的"样品测定"开关，即可读出样品的水分活度（A_w）值（读数时，取小数点后面三位数）。

⑥ 测量相对湿度时，将"活度"开关复位，然后按相应的"样品测定"开关，显示的数值即为所测空间的相对湿度。

关机，清洗并吹干测试盒，放入干燥剂，盖上盖子，拧紧密封。

1.2.5 注意事项与补充

① 在测定前，仪器一般用标准溶液进行校正。

② 环境不同，应对标准值进行修正。

③ 测定时切勿使湿敏元件沾上样品盒内样品。

④ 本仪器应避免测量含二氧化硫、氨气、酸和碱等腐蚀性样品。

⑤ 每次测量时间不应超过 1h。

参考文献

[1] 邵秀芝. 食品化学综合实验指导书［M］. 山东轻工业学院，2008.

[2] 黄晓钰，刘邻渭. 食品化学综合实验［M］. 北京：中国农业大学出版社，2002.

[3] 汪东风. 食品科学实验技术［M］. 北京：中国轻工业出版社，2006.

[4] 欧仁益. 食品化学实验手册［M］. 北京：中国轻工业出版社，2008.

（付晓萍编写）

实验 2　淀粉颗粒形态的电子显微镜观察

2.1　实验目的

学会使用扫描电镜观察淀粉的颗粒结构。

2.2　实验原理

参见第 2 章第 3 节扫描电子显微镜的成像原理。

2.3　材料、试剂与仪器

扫描电子显微镜、淀粉样品。

2.4　操作与结果

扫描电镜的制样方法通常是直接将双面胶带贴于扫描镜的载物台上，用牙签取少许干燥后的淀粉样品在双面胶上涂抹均匀并轻轻按压使淀粉粘于其上。用洗耳球吹去多余的淀粉，然后将载物台放入镀金仪器中，用离子溅射镀膜仪将样品喷炭镀金，20min 后将载物台取出放入扫描电镜中观察即可，电子枪加速电压为 15kV，不同放大倍数下观察淀粉的颗粒形态。

2.5　注意事项与补充

注意挑取样品应适宜，过多会使淀粉颗粒重叠影响观察，但过少会使得样品过于稀释，不便于代表样品淀粉的颗粒形态的全部特征。

参考文献

高嘉安. 淀粉与淀粉制品工艺学［M］. 北京：中国农业出版社，2001.

（杨冯、赵国华编写）

实验 3　蔗糖转化度的测定

3.1　实验目的

① 了解旋光仪的基本原理，掌握其使用方法。

② 掌握物质旋光性、比旋光度及旋光度的定义，及其测定方法。

③ 了解蔗糖旋光度的测定及在酸性条件蔗糖发生转化现象及转化度的测定。

3.2　实验原理

蔗糖水溶液在有 H^+ 存在时，将发生水解反应生成葡萄糖与果糖，其反应为：

$$C_{12}H_{22}O_{11}(蔗糖) + H_2O \longrightarrow C_6H_{12}O_6(葡萄糖) + C_6H_{12}O_6(果糖)$$

蔗糖在水中进行水解反应时，蔗糖是右旋的，水解的混合物中有左旋的，所以偏振面将由右边旋向左边。偏振面转移的角度称之为旋光度，用 α 表示。溶液的旋光度与溶液所含旋光物质的旋光能力、溶剂性质、溶液浓度、样品管长度及温度等均有关系。当其他条件固定时，旋光度 α 与反应浓度 c 呈线性关系，即

$$\alpha = Kc$$

式中，K 为比例常数，且与物质的旋光能力、溶剂性质、溶液浓度、光源、温度等因素有关。并且溶液的旋光度是各组分旋光度之和。

为了比较各种物质的旋光能力，引入比旋光度这一概念，比旋光度可表示为：

$$[\alpha]_D^t = \frac{10\alpha}{lc_A}$$

式中，$[\alpha]_D^t$ 中的"t"表示实验温度，℃；D 表示钠灯光源 D 线的波长（即 589nm）；α 为仪器测得的旋光度，（°）；l 为样品管的长度，cm；c_A 为浓度，g/mL。

反应物蔗糖是右旋性物质，其比旋光度 $[\alpha]_D^{20} = 66.6°$；生成物中的葡萄糖也是右旋性物质，其比旋光度 $[\alpha]_D^{20} = 52.5°$，果糖是左旋物质，其比旋光度 $[\alpha]_D^{20} = -91.9°$。由于生成物中果糖的左旋性比葡萄糖右旋性大，所以生成物呈现左旋性质。因此随着反应的不断进行，体系的右旋角将不断减少，在反应进行到某一瞬间时，体系的旋光度恰等于零，随后为左旋角逐渐增大，直到蔗糖完全转化，体系的左旋角达到最大值 α_∞。这种变化称为转化，蔗糖水解液因此被称为转化糖浆。

蔗糖转化度指的是蔗糖水解产生葡萄糖的质量与蔗糖最初质量的比值的百分数。通过测定酸性条件下蔗糖水解液的旋光度，就可以计算蔗糖的转化度。

3.3 材料、试剂与仪器

旋光仪、旋光管、电子天平、量杯（50mL）、烧杯、移液管、容量瓶（50mL）、三角瓶、温度计、计时器、新鲜配制的蔗糖（如有浑浊应过滤）、盐酸（4.00mol/L）。

3.4 操作与结果

（1）仪器装置 仔细阅读"第2章食品化学实验常用仪器"中"2旋光仪"部分，了解旋光仪的构造、原理，并掌握其使用方法。

（2）旋光仪的校正 蒸馏水为非旋光性物质，可用来校正旋光仪。校正时，首先应将旋光管洗净，用蒸馏水润洗旋光管两次，由加液口加入蒸馏水至满。旋光管中若有气泡，应先让气泡浮在凸颈处。在旋紧螺丝帽盖时不宜用力过猛，以免将玻璃片压碎，旋光管的螺丝帽盖不宜旋得过紧，以妨产生应力而影响读数的正确性。随后用滤纸将管外的水吸干，旋光管两端的玻璃片用擦镜纸擦干净，然后将旋光管放入旋光仪的样品室中，盖上箱盖。打开示数开关，调节零位手轮，使旋光示值为零，按下"复测"键钮，旋光示值为零，重复上述操作3次，待示数稳定后，即校正完毕。注意，每次进行测定时旋光管安放的位置和方向都应当保持一致。

（3）溶液的配制 取浓度为 0.2g/mL 的蔗糖溶液 25mL 与 25mL 浓度为 4.00mol/L 盐酸溶液混合，并迅速以此混合液润洗旋光管两次，然后装满旋光管，旋紧螺丝帽盖。拭去管外的溶液，然后将旋光管放入旋光仪的样品室中，盖上箱盖。打开示数开关，开始测定旋光度。以开始时刻为 t_0，每隔 5min 读数一次，测定时间 30min。

取浓度为 0.2g/mL 的蔗糖溶液 25mL 与 25mL 浓度为 4.00mol/L 的盐酸溶液混合在烧杯中用水浴加热，水浴温度为 50℃，保温 30min。冷却至室温，测得旋光度 α_∞。

（4）数据记录及结果计算

实验数据记录于表1。

实验温度：_____ 盐酸浓度：_____

大气压：_____ $\alpha_\infty =$ _____

请根据旋光度、比旋光度和蔗糖转化度的定义，计算蔗糖的转化度。

表1 实验结果记录表

时间/min	0	5	10	15	20	25	30
旋光度值							
蔗糖的转化度/%							

3.5 注意事项与补充

① 本实验中的旋光度的测定应当使用同一台仪器和同一旋光管，并且在旋光仪中所放的位置和方向都必须保持一致。

② 实验中所用的盐酸对旋光仪和旋光管的金属部件有腐蚀性，实验结束时，必须将其彻底洗净，并用滤纸吸干水分，以保持仪器和旋光管的洁净和干燥。

③ 本实验除了用氢离子作催化剂外，也可用蔗糖酶催化。后者的催化效率更高，并且用量大大减少。如用蔗糖酶液 [3～5U/mL，U（活力单位）即在室温、pH4.5 条件下，每分钟水解产生 1μmol 葡萄糖所需的酶量]，其用量仅为 2mol/L 盐酸溶液用量的 1/50。

④ 本实验用盐酸作为催化剂（浓度保持不变）。如改变盐酸浓度，其蔗糖转化速率也随着改变。

⑤ 温度对本实验的影响很大，所以应严格控制反应温度，在反应过程中应记录实验室内气温变化，计算平均实验温度。

参考文献

[1] 尹业平，王辉宪. 物理化学实验 [M]. 北京：科学出版社，2006：84-89.

[2] 北京大学化学学院物理化学实验教学组. 物理化学实验 [M]. 北京：北京大学出版社，2002：80-85，227-229.

（汤务霞编写）

实验 4　淀粉糊化度的测定（酶法）

4.1　实验目的

测定淀粉糊化变性的程度，以及淀粉是否老化，从而衡量产品的复水性和口感。通过实验掌握淀粉糊化程度（α 化度）的酶法测定原理和方法。

4.2　实验原理

已经糊化的淀粉，在淀粉酶的作用下，可水解成还原糖，α 化度越高，即糊化的淀粉越多，水解后生成的糖越多。先将样品充分糊化，经淀粉酶水解后，测定糖量，以此作为标准，其糊化程度定为 100%。然后将样品直接用淀粉酶水解，测定原糊化程度时的含糖量，α 化度以样品原糊化时含糖量的百分率表示。

4.3　材料、试剂与仪器

仪器：分析天平、恒温水浴锅、干燥器、称量瓶、碘价瓶、酸式滴定管、电炉、温度计。

试剂：

① 0.1mol/L 氢氧化钠溶液　称取 4g NaOH，加蒸馏水溶解，倾入试剂瓶，稀释至 1000mL，用橡皮塞塞口，摇匀。

② 0.05mol/L$\left[c\left(\frac{1}{2}I_2\right)\right]$-KI 液　称取 6.4g 碘和 17.5g 碘化钾，加少量蒸馏水研磨，使碘全部溶解，转入棕色小口瓶中，稀释至 1000mL，存于暗处。

③ 0.1mol/L 盐酸溶液　将浓盐酸加 11 倍蒸馏水混匀。

④ 0.1mol/L 硫代硫酸钠溶液　称取 50g 硫代硫酸钠（$Na_2S_2O_3 \cdot 5H_2O$）配制 2000mL，贮存于棕色瓶中。

⑤ 10% 硫酸溶液　取浓硫酸 10mL，慢慢加入 90mL 蒸馏水中，边加边摇。

⑥ 50g/L 淀粉酶溶液　取酶试剂 5.0g 于烧杯中，用 100mL 水溶解，摇匀即可。也可使用液体糖化酶，根据浓度配制溶液。

⑦ 10g/L 淀粉溶液　称取 10g 可溶性淀粉加少许水调成糊状，在搅拌下注入 1000mL 沸水，微沸 2min，静置，取上层溶液使用。

4.4　操作与结果

(1) 样品处理　样品经过索氏抽提法去除脂肪，烘去溶剂，研磨至通过 40 目筛，入广口瓶中待用。

(2) 称样　取样 10g 左右于干燥的称量瓶中，用减量法在分析天平上准确称取 1.000g 四份，分别于四只 100mL 三角瓶中，编号 A_1、A_2、A_3、A_4，各加 50mL 蒸馏水。另取一只 100mL 三角瓶 B，加入 50mL 蒸馏水。

(3) 煮沸　将 A_1、A_2 放在垫有石棉网的电炉上加热，盖上表面皿，煮沸 15min，然后入冷水中冷却至 20℃。

(4) 酶解　在 A_1、A_3、B 瓶内各加入 5mL 5% 淀粉酶，然后将五只三角瓶均放入（50 ± 1）℃的恒温水浴锅中，加盖表面皿，保持 90min，并不时摇动，到时冷却至室温。

(5) 稀释　各瓶冷却后分别加入 1mol/L 盐酸 2mL，移入 100mL 容量瓶定容，摇匀。用干燥滤纸过滤。

(6) 滴定　用移液管取 A_1、A_2、A_3、A_4、B 试液及水各 10.00mL 分别于六只 250mL 碘量瓶中，用移液管准确加 10.00mL 0.05mol/L 碘液和 18mL 0.1mol/L 氢氧化钠溶液塞紧，摇匀放置 15min，然后用吸量管快速加 2mL 10% 硫酸，用 0.1mol/L 硫代硫酸钠滴定，至蓝色变浅加入 1mL 淀粉指示剂，继续滴定至无色并保持 1min 不变为止。记下各瓶消耗的硫代硫酸钠体积（mL）。

(7) 结果计算

$$\alpha = \frac{(Y-P_3)-(Y-P_4)-(Y-Q)}{(Y-P_1)-(Y-P_3)-(Y-Q)} \times 100\%$$

式中　　　α——α 化度，%；

Y——蒸馏水空白消耗硫代硫酸钠溶液的体积，mL；

Q——B 试液消耗硫代硫酸钠溶液体积，mL；

P_1、P_2、P_3、P_4——分别为 A_1、A_2、A_3、A_4 消耗硫代硫酸钠溶液体积，mL。

参考文献

高嘉安. 淀粉与淀粉制品工艺学 ［M］. 北京：中国农业出版社，2001.

（杨冯、赵国华编写）

实验 5　直链淀粉含量的测定

5.1　实验目的

① 掌握直链淀粉含量的测定原理及测定方法。

② 熟练掌握紫外-可见分光光度计的使用方法。

5.2　实验原理

除了糯性谷物（如糯米）以外，一般淀粉中均存在着直链淀粉和支链淀粉两种组分。直链淀粉不溶于水，能溶于热水，与碘能生成稳定的络合物，呈深蓝色。支链淀粉只能在加热并加压条件下才能溶解于水，与碘不能形成稳定的络合物，所以呈现较浅的蓝紫色。应用这个原理，配置已知含量的直链淀粉和支链淀粉的混合物，测定此络合物在 620nm 波长处的吸光度值，绘制标准曲线，即可测得样品中的直链淀粉和支链淀粉的百分含量。

5.3　材料、试剂与仪器

(1) 材料　大米、小麦、马铃薯等淀粉颗粒，过 80 目筛。

(2) 试剂

① 95％的乙醇，1mol/L 的氢氧化钠，0.09mol/L 的氢氧化钠，1mol/L 的乙酸。

② 碘试剂：用具盖称量瓶称取（2.000±0.005）g 碘化钾，加适量的水以形成饱和溶液，加入（0.200±0.001）g 碘，碘全部溶解后将溶液定量移至 100mL 容量瓶中，加水至刻度，摇匀。每天用前现配，避光保存。

③ 马铃薯直链淀粉标准溶液（1mg/mL）：称取（100±0.5）mg 的马铃薯直链淀粉于 100mL 烧杯中，加入 1.0mL 乙醇湿润样品，再加入 1mol/L 的氢氧化钠溶液 9.0mL 于 85℃水浴中分散 10min，移入 100mL 容量瓶中，用 70mL 水分数次洗涤烧杯，洗涤液一并移入容量瓶中，加水至刻度，剧烈摇匀。1mL 此标准分散液含 1mg 直链淀粉。

马铃薯直链淀粉标准品的制备见 5.6.1。

④ 支链淀粉标准溶液（1mg/mL）：称取（100±0.5）mg 的蜡质大米支链淀粉于 100mL 烧杯中，加入 1.0mL 乙醇湿润样品，再加入 1mol/L 的氢氧化钠溶液 9.0mL 于 85℃水浴中分散 10min，移入 100mL 容量瓶中，用 70mL 水分数次洗涤烧杯，洗涤液一并移入容量瓶中，加水至刻度，剧烈摇匀。1mL 此标准

分散液含 1mg 支链淀粉。

蜡质大米支链淀粉标准品的制备见 5.6.2。

（3）仪器 分光光度计（具有 1cm 比色皿，可在 620nm 处测量吸光度值）；恒温水浴锅；容量瓶，具塞比色管，移液管，烧杯，电子分析天平（0.1mg 感量），80 目筛等。

5.4 操作与结果

5.4.1 操作步骤

（1）称样 称取（100±0.5）mg 试样于 100mL 小烧杯中。

（2）样品溶液 用移液管小心地向试样部分中加入 1.0mL 乙醇，将黏附于杯壁上的试样全部冲下，充分湿润样品，再用移液管加入 1mol/L 的氢氧化钠溶液 9.0mL，在室温下静置 15~24h 分散试样，或在 85℃ 水浴中分散 10~15min，迅速冷却，移入 100mL 容量瓶中，用 70mL 水洗涤烧杯 3~4 次，洗涤液一并移入容量瓶中，加水至刻度，剧烈摇匀。

（3）试验空白 测定时同时做一试验空白，相同的操作步骤及与测定所用同量试剂，但用 0.09mol/L 的氢氧化钠溶液 2.5mL 代替试样溶液。

（4）标准曲线绘制 按照表 1 将一定体积的直、支链淀粉标准分散液及 0.09mol/L 的氢氧化钠溶液 2.0mL 移入具塞比色管中混匀。

表 1　标准溶液的配置表

直链淀粉含量（干基）/%	混合液组成/mL		
	直链淀粉	支链淀粉	0.09mol/L 氢氧化钠
0	0	18.0	2.0
10.0	2.0	16.0	2.0
20.0	4.0	14.0	2.0
25.0	5.0	13.0	2.0
30.0	6.0	12.0	2.0

注：上述数据是在平均淀粉含量为 90% 的淀粉干基基础上计算所得。

准确移取 2.5mL 标准系列溶液于 50mL 比色管中，比色管中预先加入 25mL 水，加 1mol/L 乙酸溶液 0.5mL，混匀，再加入 1.0mL 碘试剂，加水至刻度，塞上塞子，摇匀静置 20min。用分光光度计将试样空白溶液调零，在 620nm 处测定吸光度值。

以吸光度值为纵坐标，直链淀粉含量为横坐标，绘制标准曲线。直链淀粉以干基质量的百分率表示。

（5）测定 准确移取 2.5mL 样品溶液于盛有 25mL 水的 50mL 比色管中，加 1mol/L 乙酸溶液 0.5mL，混匀，再加入 1.0mL 碘试剂，加水至刻度，塞上塞子，摇匀静置 20min。用分光光度计将试样空白溶液调零，在 620nm 处测定吸光度值。

5.4.2 结果记录

将实验数据列表，如表2所示。

表 2　实验结果记录表

直链淀粉含量/%	0	10.0	20.0	25.0	30.0
吸光度(A)					

5.4.3 结果计算

根据上表数据绘制标准曲线，_____。

淀粉试样的质量：_____ mg。试样溶液测得的吸光度_____。

根据标准曲线计算试样淀粉中的直链淀粉含量：_____。

5.5　注意事项

① 本实验主要参考中华人民共和国国家标准（GB/T 15683—2008）《稻米直链淀粉含量的测定》而编写。

② 用分光光度计测定吸光度值之前时，一定要仔细阅读分光光度计的使用手册，正确使用分光光度计及比色皿（吸收池）。

5.6　补充

5.6.1　补充一：马铃薯直链淀粉标准品制备方法

(1) 仪器、设备　组织捣碎机，80目筛；离心机（4000r/min），冰箱，磁力搅拌器，232型甘汞电极或具有相同性能的其他型号，213型铂电极或具有相同性能的其他型号，0~1.000V毫伏表。

(2) 试剂　除注明外，均为分析纯，水为蒸馏水。

① 0.5mol/L溶液氢氧化钠，1.5mol/L和2mol/L溶液盐酸，正丁醇，异戊醇。

② 碘酸钾标准溶液：称取0.2140g碘酸钾，用水溶解后转入1000mL容量瓶中，用水定容，即 1.00×10^{-4} mol/L。

③ 碘化钾溶液：称取66.40g碘化钾，用水稀释至1000mL，即0.4mol/L。

(3) 制备方法　称取100g新鲜马铃薯，洗净，削皮，切块，放入组织捣碎机中，加水200mL，捣碎1min。过80目筛，并用水洗涤筛上物，弃去筛上物，沉淀，弃去上清液。取沉淀物，加水200mL，再加入1mol/L氢氧化钠溶液200mL，在85℃水浴上加热搅拌20min至完全分散，冷却，以4000r/min离心20min，取上清液用1.5mol/L盐酸溶液调至pH6.5，然后加入1:1(体积比)丁醇-异戊醇80mL，在85℃水浴中加热10min，冷却至室温，移入冰箱内（2~4℃），静置24h，去掉上层污物层，以4000r/min离心20min，弃去上清液，沉淀物即粗直链淀粉。用饱和正丁醇水溶液洗涤沉淀物（粗直链淀粉），4000r/min

离心 15min，将沉淀物转入 200mL 饱和正丁醇水溶液中，在 85℃ 水浴中加热溶解 10～15min，冷却至室温，移入冰箱内（2～4℃），静置 24h，弃去上层污物层，以 4000r/min 离心 10min，沉淀物再加 200mL 饱和正丁醇水溶液，在 85℃ 水浴中加热溶解，反复纯化 3 次。最后沉淀物用无水乙醇反复洗涤离心 3～4 次，分散于盘中 2 天，使残余乙醇挥发及水分达到平衡，即得直链淀粉标准品。

（4）标准品质量测定

① 碘结合量测定　称取 0.1000g 标准品于 100mL 烧杯中，加入 1.0mL 无水乙醇湿润样品，再加入 0.5mol/L 氢氧化钠溶液 10mL 于 85℃ 水浴中完全分散，冷却后移入 100mL 容量瓶中，用水洗烧杯数次，洗涤液一并移入容量瓶中，加水至刻度，摇匀。吸取 5.0mL（含直链淀粉 5mg）分散液放入 200mL 烧杯中，加入 85mL 水，1mol/L 乙酸溶液 5.0mL 及 0.1mol/L 碘化钾溶液 5.0mL，按电位滴定要求，将烧杯置于电磁搅拌器上，把铂电极及甘汞插入液面下，在电磁搅拌下，用 2mL 微量滴定管滴加碘酸钾标准溶液，每次滴加 0.1mL（或 0.05mL），1min 后读取毫伏数，滴定终点用二次微商法计算。

$$直链淀粉碘结合量 = \frac{0.7610}{m(1-M)} \times V \times 100\%$$

式中　m——直链淀粉质量，mg；

M——直链淀粉水分含量，%；

V——1.00×10^{-3} mol/L 碘酸钾溶液滴定体积，mL；

0.7610——每毫升 1.00×10^{-3} mol/L 碘酸钾相当于碘的质量 0.7610mg。

② 碘-淀粉复合物吸收光谱测定　称取 0.1000g 标准品，移入 100mL 烧杯中，加入 1.0mL 无水乙醇湿润样品，再加入 1.0mol/L 氢氧化钠溶液 9.0mL，在 85℃ 水浴中完全分散，冷却后移入 100mL 容量瓶中，用水洗涤烧杯数次，一并移入容量瓶中，加水至刻度，定容。取定容液 2.0mL 于 100mL 容量瓶中，移取 0.09mol/L 氢氧化钠溶液 3.0mL，加入 50mL 水稀释后，再加 1mol/L 乙酸溶液 1.0mL 和 1.0mL 碘试剂，加水定容至 100mL，静置 10min，用分光光度计测定 500～800nm 处的吸收光谱。

③ 淀粉含量测定　称取 0.1000g 标准品加入 0.5mol/L 氢氧化钠溶液 10mL，在 85℃ 水浴中加热分散，再加入 2mol/L 盐酸溶液 21.5mL，在沸水浴中回流水解 2h，用费林氏液法测定还原糖，乘以 0.9 系数，即得淀粉含量，计算标准品淀粉含量。

④ 马铃薯直链淀粉标准品标准　马铃薯直链淀粉标准品必须具备：a. 碘结合量在 19%～20% 之间；b. λ_{max} 为 640～650nm；c. 淀粉含量在 85% 以上。

5.6.2　补充二：蜡质大米支链淀粉标准品的制备

（1）制备方法　由已知至少含支链淀粉 99%（质量分数）的蜡质大米制备。浸泡蜡质大米，在组织捣碎机中捣碎至通过 80～100 目筛，用试剂（20g/L 十二烷基硫酸钠溶液，用前加 2g/L 亚硫酸钠溶液）或碱（3g/L 氢氧化钠溶液）彻底萃取蛋白质，洗涤，然后用甲醇在索氏抽提器中抽提 4h，脱脂，将除去蛋白质和脂肪的支链淀粉分散于盘中静置 2 天，使残余甲醇挥发及水分含量达到平衡。

(2) 标准品质量鉴定　碘-淀粉复合物吸收光谱测定。取支链淀粉标准溶液 5.0mL（1mg/mL 支链淀粉），加 50mL 水稀释后，再加入 1mol/L 乙酸溶液 1.0mL，1mL 碘试剂，加水至 100mL，静置 10min，用分光光度计测定 400～640nm 的吸收光谱。

(3) 蜡质大米支链淀粉标准品质量　蜡质大米支链淀粉标准品必须具备 λ_{max} 520～530nm，$A_{1cm}^{0.05\%}$ 620nm 在 20℃时为 17 以下。

参考文献

[1] 张永凤，程备久. 半粒玉米胚乳直链淀粉含量测定方法的研究 [J]. 玉米科学，2007，15（1）：70-72.

[2] 钟连进，程方民. 水稻籽粒鲜样品的直链淀粉含量测定方法 [J]. 浙江大学学报. 农业与生命科学版，2002，28（1）：33-36.

[3] 潘志芬，邓光兵. 半粒小麦胚乳直链淀粉含量测定方法的研究 [J]. 麦类作物学报，2003，23（3）：10-12.

（汤务霞编写）

实验 6　淀粉的糊化温度测定

淀粉发生糊化现象的温度称为糊化温度，其中颗粒较大的淀粉容易在较低的温度下先糊化，称糊化开始温度，待所有淀粉颗粒全部被糊化，所需的温度称为糊化完成温度，两者相差约 10℃。因此，糊化温度不是指某一个确定的温度，而是指从糊化开始温度到完成温度的一定范围。糊化温度的测定有偏光十字测定法、BV 测定法、RVA 测定法和 DSC 分析技术等。

6.1　实验目的

通过实验掌握糊化温度的概念，理解偏光十字法测定淀粉乳糊化温度的原理，学会使用 Kofler 热台显微镜测定淀粉乳的糊化温度。

6.2　实验原理

淀粉颗粒属于球晶体系，具备球晶的一般特性，在偏光显微镜下淀粉颗粒具有双折射性，呈现偏光十字。淀粉乳糊化后，颗粒的结晶结构消失，分子变成无定形排列时，偏光十字也随之消失，根据这种变化能测定糊化温度。

6.3　材料、试剂和仪器

热台显微镜（由一台偏光显微镜和一个电加热台组成）、载玻片、盖玻片、矿物油、淀粉。

6.4　操作与结果

（1）淀粉乳的配制　称取 $0.1\sim0.2g$ 淀粉样品加于 $100mL$ 蒸馏水中，使其浓度为 $1\sim2g/L$，搅拌均匀待用。

（2）样品玻片的制作　取一滴稀淀粉乳，含 $100\sim200$ 个淀粉颗粒，置于载玻片上，放上盖玻片，盖玻片四周围以高黏度矿物油，置于电加热台。

（3）糊化温度的测定　调节电加热台的加热功率，使温度以约 $2℃/min$ 的速度上升，跟踪观察淀粉颗粒偏光十字的变化情况。淀粉乳温度升高到一定温度时，有的颗粒的偏光十字开始消失，便是糊化开始温度，随着温度的升高，更多个颗粒的偏光十字消失，当约 98% 颗粒偏光十字消失即为糊化完成温度。

6.5　注意事项与补充

淀粉乳液的浓度适中，使得一滴淀粉乳液中含 $100\sim200$ 个淀粉颗粒，淀粉颗粒太少没有统计学意义，样品没有足够的代表性，淀粉颗粒太多则不利于观察计数。

参考文献

高嘉安. 淀粉与淀粉制品工艺学 [M]. 北京：中国农业出版社，2001.

（杨冯、赵国华编写）

实验 7　果胶凝胶的形成及性能测定

7.1　实验目的

掌握果胶凝胶制备的工艺；了解质构仪的基本操作步骤以及各种探头的使用对象和方法。

7.2　实验原理

果胶因有良好的乳化、增稠、稳定和胶凝作用，在国内外已广泛用于食品、医药、化妆品、纺织、印染、冶金、烟草等行业中。果胶在食品中用做凝胶剂、增稠剂、乳化剂和稳定剂。

通常根据果胶分子链中半乳糖醛酸甲酯化比例的高低，将果胶划分为低酯果胶（甲氧基含量小于 7%）和高酯果胶（甲氧基含量大于 7%）。由于两类果胶分子结构上的差异，其果胶的性质、凝胶机理及对体系的要求也不相同，在具体使用方法上也不一样。高酯果胶在温度低于 50℃，糖浓度达到 60～70g/100mL，加入酸控制 pH 在 2～3.5 时，就可形成凝胶；低酯果胶中，即使糖、酸比再恰当也无法形成凝胶，而高价金属离子却有可能把果胶分子交联起来形成凝胶。

7.3 材料、试剂与仪器

试剂：低酯果胶，蔗糖，柠檬酸、磷酸氢二钠、硫酸铜。

仪器：分析天平、Texture Analyser X-T21 型质构仪。

7.4 操作与结果

(1) 金属离子对凝胶质构性能的影响 称取 1g 低酯果胶和 30g 蔗糖于 250mL 烧杯中，加入 100mL 的 pH4 柠檬酸-磷酸氢二钠缓冲溶液，在 80℃ 水浴中加热搅拌 20min，使果胶和蔗糖充分溶解后分别加入 0mL 和 1.5mL 的 10mg/mL 硫酸铜溶液，充分搅拌，待凝胶形成后，室温下静置 24h。观察凝胶形成状况，考察金属离子对凝胶性能的影响。

(2) 低酯果胶浓度对凝胶质构性能的影响 分别称取 0.3g、0.5g、1g、1.5g 低酯果胶和 30g 蔗糖于 250mL 烧杯中，加入 100mL 的 pH4 柠檬酸-磷酸氢二钠缓冲溶液，在 80℃ 水浴中加热搅拌 20min，使果胶和蔗糖充分溶解后加入 1.5mL 的 10mg/mL 硫酸铜溶液，充分搅拌，待凝胶形成后，室温下静置 24h。测定其凝胶性能曲线，考察果胶浓度对凝胶性能的影响。

(3) 糖的浓度对凝胶质构性能的影响 称取 1g 低酯果胶和 10g、20g、30g、40g 蔗糖于 250mL 烧杯中，加入 100mL 的 pH4 柠檬酸-磷酸氢二钠缓冲溶液，在 80℃ 水浴中加热搅拌 20min，使果胶和蔗糖充分溶解后加入 1.5mL 的 10mg/mL 硫酸铜溶液，充分搅拌，待凝胶形成后，室温下静置 24h。测定其凝胶性能曲线，考察蔗糖浓度对凝胶性能的影响。

(4) 体系 pH 对凝胶质构性能的影响 称取 1g 低酯果胶和 30g 蔗糖于 250mL 烧杯中，分别加入 100mL 的 pH 为 2.0、4.0、6.0 和 8.0 柠檬酸-磷酸氢二钠缓冲溶液，在 80℃ 水浴中加热搅拌 20min，使果胶和蔗糖充分溶解后加入 1.5mL 的 10mg/mL 硫酸铜溶液，充分搅拌，待凝胶形成后，室温下静置 24h。测定其凝胶性能曲线，考察体系 pH 对凝胶性能的影响。

(5) 质构仪测定条件设置 探头模具为 A1BE；探头半径为 35mm；测定模式为 measure force in compression；测定选项为 Return to the start；实验速度为 1.5mm/s；初始速度为 5.0mm/s；穿透距离 30cm；上提 5mm/s；温度为 20℃。

7.5 注意事项与补充

尽管钙离子是低酯果胶在食品加工中的常用凝胶剂，但二价铜离子形成的凝胶具有鲜艳的颜色，因此，尽管铜离子并不适用于食品添加，但为了便于实验观察减少人为误差，在标准形成条件中选择铜离子为凝胶金属离子。

参考文献

[1] 汪海波. 低酯果胶的凝胶质构性能研究 [J]. 食品科学，2006，27 (12)：123-129.

[2] 李俐鑫，迟玉杰，于滨. 蛋清蛋白凝胶特性影响因素的研究 [J]. 食品科学，2008，29 (03)：46-49.

（王洪伟编写）

实验 8　气相色谱分析油脂脂肪酸组成

8.1　实验目的

本实验的目的是了解气相色谱法测油脂肪酸组成的原理；掌握油脂前处理（甲酯化）的方法及气相色谱仪的使用。

8.2　实验原理

菜籽油是由多种脂肪酸组成的甘油三酯，含有丰富的多不饱和脂肪酸。气相色谱法是在以适当的固定相做成的柱管内，利用气体（载气）作为移动相，使试样（气体、液体或固体）在气体状态下展开，在色谱柱内分离后，各种成分先后进入检测器，用记录仪记录色谱谱图。色谱上分析成分的峰的位置，以滞留时间（从注入试样液到出现成分最高峰的时间）和滞留容量（滞留时间×载气流量）来表示。这些在一定条件下，就能反映出物质所具有的特殊值，并据此确定试样成分。根据色谱上出现的物质成分的峰面积或峰高进行定量。峰面积可用面积测定仪测定，按半宽度法求得（即以峰 1/2 处的峰宽×峰高求得）。峰高的测定方法是从峰高的顶点向记录纸横坐标准垂线，找出此垂线与峰的两下端联结线的交点，即以此交点至峰顶点的距离长度为峰高。

8.3　材料、仪器与试剂

材料：菜籽油。

试剂：苯、石油醚、氢氧化钾、甲醇（A. R.）；脂肪酸甲酯标准品（色谱纯）。

仪器：GC-2010 气相色谱仪、AOC-20i 自动进样器、FID 检测器。

8.4　操作与结果

(1) 样品甲酯化　称取约 0.5g 样品，置于 10mL 具塞试管中，加 2mL 苯与石油醚（1：1）的混合液，密闭浸提 24h 后加 2mL 氢氧化钾-甲醇溶液（0.4mol/L）进行快速甲酯化，摇匀，静置分层后沿试管壁加入蒸馏水使甲醇溶液层上升至试管上部，放置至澄清。

(2) 色谱条件　色谱柱为 Rtx-WAX 毛细管柱（30m×0.25mm×0.25μm）；进样口温度为 260℃；检测器（FID）温度为 260℃；线速度为 20cm/s；分流比

为 100：1；进样量为 1μL；柱温（程序升温）为 140℃（5min）～240℃（20min），每分钟升 4℃。

(3) 结果

① 定性分析：取标准脂肪酸甲酯混合品 1μL 注入色谱仪，得到标准脂肪酸甲酯混合液色谱保留时间，在同样色谱条件下，对待测菜籽油甲酯化溶液进行色谱分析，并将所得色谱图与标准脂肪酸甲酯混合液色谱图进行比较，根据各色谱峰的保留时间对照定性。

② 定量分析：使用时间程序删除溶剂峰以后，对余下的色谱峰按面积归一法进行定量。

8.5　注意事项与补充

待测油脂样品不宜加热干燥，否则脂肪酸易被氧化。

参考文献

[1] 楼献文，张桐凤，王清海等. 油脂中脂肪酸的气相毛细管色谱法分析 [J]. 色谱，1993，11（6）：346-347.

[2] 汪东风. 食品科学实验技术 [M]. 北京：中国轻工业出版社，2006.

[3] 刘晓庚，夏养国，汪峰等. 海蓬子种子中脂肪酸组成成分分析 [J]. 食品科学，2005，26（2）：182-185.

（郑刚、赵国华编写）

实验 9　蛋白质碱溶酸沉提取实验

9.1　实验目的

通过实验掌握用碱溶酸沉法提取蛋白质的方法，并熟悉自动凯氏定氮仪的使用方法。

9.2　实验原理

先用稀碱溶液使脱脂豆粕中蛋白质溶解，将不溶性成分分离出去。再用酸调到等电点使溶液中蛋白质沉淀下来，除去非酸沉性可溶成分，经分离得到蛋白质沉淀物，再经干燥即得纯度较高的蛋白质。

9.3　材料、试剂与仪器

材料：脱脂豆粕。

试剂：0.3mol/L NaOH 溶液、0.3mol/L HCl 溶液、4％硼酸溶液、硫酸铜、硫酸钾、浓硫酸、0.05mol/L 盐酸标准溶液、甲基红-溴甲酚绿混合指示剂。

仪器：离心分离机、凯氏定氮仪、真空干燥箱、恒温水浴锅、电动搅拌器、粉碎机、精密 pH 计。

9.4 操作与结果

（1）粉碎与浸提 将脱脂豆粕用粉碎机粉碎，过 40 目筛，准确称取豆粕粉 10g，加入 100mL H_2O，用 0.3mol/L NaOH 溶液将浸提液 pH 调至 9.0～9.5，搅拌浸提 0.5h，搅拌速度为 30～35r/min，浸提温度为 50℃。提取蛋白后以 4000r/min 离心分离 20min，得到含有蛋白质的上层清液。残渣再加入 100mL H_2O 在第一次浸提条件相同的情况下，再浸提 0.5h。离心得到上清液，合并两次上清液。

（2）酸沉 在不断搅拌的情况下（搅拌速度为 30～35r/min），在上清液中缓缓加入 0.3mol/LHCl 溶液，调整溶液 pH 至 4.4～4.6，使蛋白质在等电点状态下沉淀。加酸时要不断抽测 pH，当全部溶液都达到等电点时，应立即停止搅拌，静置 20min，使蛋白质能形成较大的颗粒而沉淀下来，沉淀速度越快越好。

（3）离心与洗涤 用离心机将酸沉下来的沉淀物离心脱水，弃去清液。沉淀物用 50～60℃的温水 10mL 洗涤两次，离心，弃去洗液，得到蛋白质沉淀。

（4）真空干燥 将得到的蛋白质沉淀转入已烘至恒重的称量皿，放入真空干燥箱中进行干燥至恒重，干燥温度为 70℃，真空度为 93.3～98.6kPa。

（5）测定蛋白质含量 将干燥后的蛋白质样品准确称取 0.1000g，加入凯氏定氮仪消煮管中，按第 2 章第 9 节操作进行消化、蒸馏和滴定。记下滴定样品及空白液消耗标准盐酸溶液的体积。

（6）计算含氮量及粗蛋白含量

$$含氮量：N(\%) = \frac{1.401 \times M \times (V - V_0)}{W}$$

$$粗蛋白含量：P(\%) = N(\%) \times C$$

式中　M——标准盐酸浓度，mol/L；

　　　W——样品重量，g；

　　　V_0——空白样滴定标准酸消耗量，mL；

　　　V——样品滴定标准酸消耗量，mL；

　　　C——粗蛋白转换系数。

9.5 注意事项与补充

① 在浸提过程中，原料的粒度、加水量、浸提温度、浸提时间及 pH 都会影响蛋白质的溶出率和浸提效率。原料的粒度越小，蛋白质的溶出率和浸提效率均可提高，但颗粒过小会造成浸提残渣分离困难。加水量越多，蛋白质的溶出率和浸提效率越高，但加水量过多，酸沉困难。一般加水量为原料的 10～20 倍。浸提温度越高，浸提效率越高，对蛋白质的溶出率影响不大，但浸提温度过高时，黏度增加，分离困难，且蛋白质易变性，影响蛋白质的工艺性能，同时增加

能耗。一般浸提温度宜控制在 30～60℃ 之间。浸提时间主要影响蛋白质的溶出率，在一定条件下，浸提时间越长，蛋白质溶出率越高，但达到一定时间后，蛋白质的溶出率趋于恒定。pH 对蛋白质溶解性也有很大影响，对于大豆蛋白质，在 pH＞7 时，未变性蛋白质的溶出率是随 pH 增高而增加，但浸提时 pH 不宜太高，否则由于大豆蛋白质长时间在强碱性条件下作用，会引起"胱赖反应"，使有用的氨基酸转变为有毒的化合物，而且影响产品风味，丧失食用价值。

② 在酸沉过程中加酸速度和搅拌速度是关键。控制不好很容易出现 pH 虽然达到等电点，但蛋白质凝集下沉极为缓慢，且含水量高，上清液浑浊，降低蛋白质的酸沉得率。酸沉时的搅拌速度宜慢不宜快，一般控制在 30～40r/min 比较适宜。如操作不慎，出现上述现象，可将浸提液的 pH 继续下调至等电点以下，并搅拌 5min，待蛋白质全部溶解后，再用浓碱将 pH 调至 4.4～4.6，使蛋白质迅速凝集下沉。

③ 干燥蛋白质除采用真空干燥还可采用喷雾干燥。喷雾干燥前，需加适量的水并搅打成均匀的浆液，浓度一般控制在 12%～20% 之间，视黏度而定，并用 NaOH 溶液进行中和回调至 pH 为 6.5～7.0。喷粉时的进风温度为 150～170℃，塔体温度 95～100℃，排潮温度 85～90℃。

参考文献

[1] 翟爱华，季娜，刘恒芝. 燕麦分离蛋白提取工艺研究 [J]. 食品科学，2006，27 (12)：439-441.

[2] 冉军舰，卢奎，朱雨莹. 樱桃仁蛋白的提取 [J]. 粮油加工，2007，(2)：56-58.

（黄文书编写）

实验10　蛋白质水解度测定

10.1　实验目的

学习利用茚三酮显色法对蛋白质的水解度进行测定。

10.2　实验原理

蛋白质的水解就是利用化学方法或酶法对天然蛋白质进行催化水解，水解后的蛋白质其功能性质发生改变，如溶解性、乳化性质、发泡性质等，广泛地用于食品工业。

产物水解度（degree of hydrolysis，DH）用于衡量蛋白质的水解程度，定义为蛋白质水解过程中被裂解的肽键数 h(mmol/g 蛋白质) 与给定蛋白质的总肽键数 h_{hot}(mmol/g 蛋白质)。

h_{hot} 对于某一特定的蛋白质来讲是一个常数，它可以由组成该蛋白质的氨基酸的含量计算出。例如对于大豆蛋白，其 $h_{hot}=7.8mmol/g$，所以只要测出水解后蛋白质被裂解的肽键数（h 值）就可以计算出相应的 DH 值。

10.3　材料、试剂与仪器

材料：水解蛋白液。

主要试剂：茚三酮显色剂、乙醇溶液、甲醛溶液（预先中和）、甘氨酸、标准 NaOH 溶液及有关指示剂。所用试剂均为分析纯级。

主要仪器：721 分光光度计、精密 pH 计、凯氏定氮仪、磁力搅拌器。

10.4　操作与结果

(1) 标准曲线的绘制　取 0.1000g 干燥过的甘氨酸溶解后定容至 100mL，取出 2.00mL 定容至 100mL 得 $20\mu g/mL$ 的溶液，取此液再分别稀释成含量为 $2\sim20\mu g/mL$ 的溶液用于标准曲线绘制。取 2.00mL 测定用稀释液于试管中，加入 1.00mL 显色剂，混匀后沸水浴中加热 15min，同时做空白试验；然后冷水冷却。加入 5.00mL 40% 乙醇溶液混匀，放置 15min 后用 1cm 比色杯，以空白管调零于 570nm 处测定 A 值。

(2) 水解蛋白液中—NH_2 基的测定（茚三酮法）　取水解蛋白液 0.50mL 定容至 50mL。取 0.40mL 稀释液于试管中，并加入 1.60mL 蒸馏水、1.00mL 显色剂，混匀后置沸水浴中加热 15min，同时做空白试验。以后操作同标准曲线。利用标准曲线计算水解蛋白液—NH_2 的含量（$\mu mol/mL$）。

(3) 水解蛋白液中蛋白质含量的测定　取 1.00mL 水解液进行湿法消化处理，然后在蒸馏仪上蒸馏进行人工滴定定氮，蛋白质的含量表示为 $N\times6.25mg/mL$。

(4) 结果计算　原料蛋白质中存在游离的—NH_2 基，在计算时要考虑它的影响，否则计算的 DH 值偏大。

计算公式为：

$$DH=\left[\left(\frac{-NH_2\text{ 的含量}(\mu mol/mL)}{6.25\times N(mg/mL)}-0.33(mmol/g)\right)/7.8(mmol/g)\right]\times100\%$$

10.5　注意事项与补充

① 测定蛋白质中的—NH_2 基，茚三酮法是常用的非常灵敏的方法，但是一般配制成的显色剂稳定性较差，不能较长时间贮存，实验时需要现配现用。

② 计算水解蛋白的水解度（DH）时必须考虑原料蛋白质中游离—NH_2 的影响，否则会使得所得 DH 值偏大。

参考文献

[1]　徐玮，汪东风. 食品化学实验和习题 [M]. 北京：化学工业出版社，2008.

[2]　黄晓钰，刘邻渭. 食品化学综合实验 [M]. 北京：中国农业大学出版社，2002.

[3] 赵新淮，冯志彪. 蛋白质水解物水解度的测定 [J]. 食品科学，1994，(179)：11.

（付晓萍编写）

实验 11　蛋白质起泡能力与泡沫稳定性测定

11.1　实验目的

① 了解蛋白质的起泡性质。

② 掌握蛋白质起泡性质的评价方法。

③ 掌握蛋白质泡沫稳定性的测定方法。

11.2　实验原理

泡沫是一种气体在液体中的分散体系，气体成为许多气泡被连续相的液体分隔开来，气体是分散相，液体是分散介质。许多加工食品是泡沫类型产品，如搅打奶油、蛋糕、蛋白甜饼、面包、蛋奶酥、奶油冻、啤酒、冰激凌和果汁软糖等。这些产品所具有的独特的质构和口感源自于分散的微细空气泡。在这些产品中的大多数中，蛋白质是主要的表面活性剂，它的作用就是吸附在气-液界面，降低界面张力，同时对所形成的吸附膜产生必要的流变学特性和稳定作用，例如对水及蛋白质吸附以增加膜的强度、增加吸附膜的黏度和弹性以对抗外来不利作用等，提高泡沫的稳定性。

蛋白质起泡性质的评价指标主要有：泡沫密度、泡沫强度、气泡平均直径和直径分布、蛋白质的起泡能力和泡沫的稳定性，实际中最常用的是蛋白质的起泡力和泡沫的稳定性两个指标。

(1) 测定蛋白质起泡力的方法　将一定浓度和体积的蛋白质溶液加入带有刻度的容器中，按前述起泡机制起泡后，测定泡沫的最大体积，然后分别计算泡沫的膨胀率和起泡力。

泡沫的形成过程如图 1 所示。

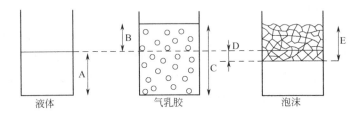

图 1　形成泡沫图解

A 液体体积；B 掺入的气体体积；C 分散体系的总体积；
D 泡沫中的液体体积；E 泡沫体积

由于起泡力一般随原体系中蛋白质浓度的增加而增加，所以在比较不同蛋白质的起泡力时需要比较最高起泡力和相应于1/2最高起泡力的蛋白质浓度等多项指标。

$$泡沫膨胀率=\frac{总分散体系体积-原来液体体积}{原来液体体积}\times100\%$$

$$起泡力=\frac{泡沫中气体的体积}{泡沫中液体的体积}\times100\%$$

(2) 测定泡沫稳定性的方法　泡沫稳定性测定的第一个方法是在起泡完成后，迅速测定泡沫体积，然后在一定条件下放置一段时间（通常30min）后又测定泡沫体积，从而计算泡沫稳定性。

$$泡沫稳定性=\frac{泡沫放置30min后的体积}{泡沫的初体积}\times100\%$$

泡沫稳定性测定的第二个方法是测定液膜完全排水或1/2排水所需的时间。如果是鼓泡形成泡沫，就可在刻度或玻璃仪器中直接起泡，然后观察排水过程和测量1/2排水所需时间；如果是搅打起泡，测定应在特制的不锈钢仪器中进行，该仪器有专门的下水装置收集排水，可连续测量排水过程和时间。

显然，泡沫稳定性也随蛋白质浓度而变化，因此也应像测定起泡力时那样规定浓度。

本实验将比较几种蛋白质的起泡能力，研究泡沫形成和稳定机理，确定其他化学物质、温度等因素对蛋白质泡沫分散系的影响作用。

11.3　材料、试剂与仪器

(1) 材料与试剂　各种常见食品蛋白包括：蛋清蛋白，大豆蛋白，乳清蛋白浓缩物，酪蛋白酸钠。糖，玉米淀粉，植物油、氯化钠等。

(2) 仪器　电动搅拌器或磁力搅拌器，250mL烧杯，100mL量筒，数显恒温水浴锅等。

11.4　操作与结果

(1) 制备蛋白质分散系　用蒸馏水分别制备下列分散系各100mL。

a. 0.5g/100mL 酪蛋白酸钠；b. 0.5g/100mL 浓缩乳清蛋白；c. 0.5g/100mL 蛋清蛋白；d. 0.5g/100mL 大豆蛋白；e. 0.5g/100mL 大豆蛋白＋0.5g/100mL 玉米淀粉；f. 0.5g/100mL 大豆蛋白＋0.5g/100mL 糖；g. 0.5g/100mL 大豆蛋白＋0.5g/100mL 植物油；h. 0.5g/100mL 大豆蛋白＋0.5g/100mL 氯化钠。

(2) 泡沫分散系稳定性评价

① 将上述分散系等分成两份，各50mL，分别置于电动搅拌器（或磁力搅拌器）中，高速搅拌30s，再移入100mL量筒内，得到两组a～h的搅拌分散系。

② 所得到的两组a～h搅拌分散系，一组放于室温下，一组置于40℃水

浴中。

③ 分别在搅拌后的 0min、5min、30min 测泡沫体积 V_1、V_2、V_3。

(3) 实验结果 将实验结果记录于表 1 和表 2，然后按照以下公式计算泡沫膨胀率、起泡力和泡沫稳定性。

表 1 室温下泡沫分散系的稳定性

分散系	测定体积/mL			体积损失/mL		泡沫膨胀率	发泡能力	泡沫稳定性
	0min	5min	30min	ΔV_1	ΔV_2			
a								
b								
c								
d								
e								
f								
g								
h								

表 2 40℃下泡沫分散系的稳定性

分散系	测定体积/mL			体积损失/mL		泡沫膨胀率	发泡能力	泡沫稳定性
	0min	5min	30min	ΔV_1	ΔV_2			
a								
b								
c								
d								
e								
f								
g								
h								

体积损失的计算：

$$\Delta V_1 = V_2 - V_1$$

$$\Delta V_2 = V_3 - V_1$$

式中，V_1、V_2、V_3 分别为搅拌后 0min、5min、30min 的泡沫体积，mL。

$$泡沫膨胀率 = \frac{V - V_0}{V_0} \times 100\%$$

式中 V——0min 时总分散体系体积，即刚起泡时泡沫和液体的总体积，mL；

V_0——移取的蛋白质溶液的体积，本实验中为 50mL。

$$发泡能力 = \frac{V_1}{c \times V_0}$$

式中 V_1——泡沫的最大体积，即 0min 时的泡沫体积；

c——蛋白质溶液的质量浓度，g/100mL；

V_0——移取的蛋白质溶液的体积，本实验中为 50mL。

$$泡沫稳定性 = \frac{V_3}{V_1} \times 100\%$$

式中 V_1——泡沫的最大体积，即 0min 时的泡沫体积；

V_3——蛋白质溶液放置 30min 后的泡沫体积，mL。

11.5　注意事项与补充

① 蛋白质的发泡性受环境条件如溶液 pH 值、离子强度、通气速度等的影响很大，因此测定时应使测试条件一致，减少误差。

② 由于搅拌器种类和转速对蛋白质的起泡性也有影响，因此，各实验室可根据条件自行选取，但必须保证同一项实验操作条件的一致性，且在实验报告中注明搅拌条件。

参考文献

[1]　黄晓钰，刘邻渭. 食品化学综合实验 [M]. 北京：中国农业大学出版社，2002.

[2]　郭志伟，徐昌学，路遥等. 泡沫起泡性、稳定性及评价方法 [J]. 化学工程师，2006，4：51-54.

[3]　王琦，习海玲，左言军. 泡沫性能评价方法及稳定性影响因素综述 [J]. 化学工业与工程技术，2007，28（2）：25-30.

[4]　王玉芬. 食品营养化学 [M]. 河南：中原农民出版社，2006：12.

（刘娅编写）

实验 12　pH 对花色素苷溶液色泽的影响

12.1　实验目的

① 了解花色素苷的结构及影响其颜色稳定性的因素。

② 掌握酸、碱对花色素苷溶液色泽的影响。

12.2　实验原理

花色素苷（anthocyanins）（图 1）是一类在自然界分布最广泛的水溶性色素，许多水果、蔬菜和花之所以显鲜艳的颜色，就是由于细胞汁液中存在着这类水溶性化合物。植物中的许多颜色（包括蓝色、红紫色、紫色、红色及橙色等）都是由花色素苷产生。

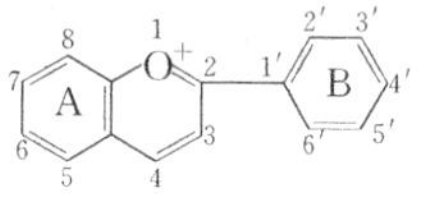

图 1　花色素苷的
基本母核结构

花色素苷的颜色随着 pH 改变而发生明显的变化，水溶液介质中，花色素苷随 pH 不同可能有 4 种结构。图 2 表示二甲花翠素-3-葡萄糖苷在 pH0～6 范围内变化出现的结构改变及不同 pH 时 4 种结构，在 4 种结构中只有两种形式是主要的。低 pH 值时，以二甲花翠素-3-葡萄糖苷锌离子占优势；而在 pH4～6 主要为无色甲醇假碱结构；当溶液在 pH6 时呈现无色。而花青素-3-鼠李葡糖苷（Ⅷ）醌型或脱水基质（Ⅷ）在 4′-甲氧基-4-甲基-7-羟基花色锌盐酸盐的溶液中，花色锌离子与醌型碱之间存在平衡，因此在 pH0～6 之间溶液的颜色随着 pH 增加，由红色到蓝色。

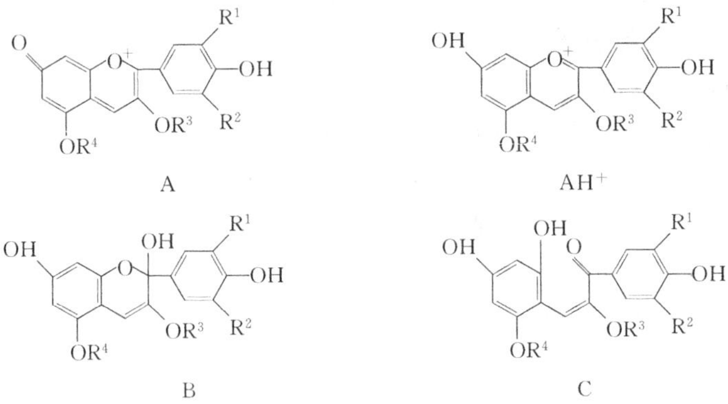

图 2　pH 对花色素苷结构的影响

A、B、C 和 AH^+ 分别代表醌型碱、甲醇假碱、查耳酮和花色锌离子

12.3　材料、试剂与仪器

实验材料：紫甘蓝、茄子皮、樱桃、草莓。

试剂：1mol/L HCl 溶液，1mol/L NaOH 溶液。

仪器：天平，研钵，水浴锅，数显酸度计，可见分光光度计。

12.4　操作与结果

(1) 色素的提取　实验材料清洗、晾干后，切成小块，研磨，取匀浆 10g，加蒸馏水 90mL，用蒸馏水在 100℃下浸提 0.5h，抽滤，得滤液。

(2) 色素 pH 值调配　每一种实验材料取滤液 50mL，定容至 250mL，取 14 支试管，每管装滤液 10mL，用 1mol/L HCl 或 1mol/L NaOH，调酸碱度，用酸度计检测，使 pH 值分别为 1、2、3、4、5、6、7、8、9、10、11、12、13、14，另取一支试管保持材料的自然 pH 作为对照，不需调整酸碱度。

(3) 吸收曲线的测定　将调节好的滤液，用光径 1cm 的比色杯，以蒸馏水

表 1　实验结果记录表

材料	pH														
	1	2	3	4	5	6	7	8	9	10	11	12	13	14	对照
紫甘蓝															
茄子皮															
樱桃															
草莓															

调零，置于可见分光光度计中，在 530nm 下进行比色，测定各实验材料随 pH 变化的吸光度值，观察花青素在不同 pH 值下的颜色变化，记录实验结果于表 1 中，并绘制各实验材料在不同 pH 值下的吸收曲线。

（4）确定突变 pH 值 根据颜色的突变（由红变蓝），确定各实验材料颜色发生突变（出现无色）的 pH 值。

12.5 注意事项与补充

① 可根据季节和当地资源选取花青素含量高的果蔬进行实验。

② 实验材料所接触的仪器设备必须是玻璃或不锈钢制材料，不得采用铝质或铁制等金属器材，以避免金属离子对花青素色泽的干扰。

③ 实验材料的稀释度可根据吸光度情况自行调整，然后乘以稀释倍数即可，一般以对照样品 A 值在 $0\sim0.5$ 为宜。

④ 为便于操作，也可采用广泛 pH 试纸代替酸度计检测滤液的 pH 值。

参考文献

［1］ 阚建全. 食品化学［M］. 北京：中国农业大学出版社，2002.

［2］ 谢笔钧. 食品化学［M］. 北京：科学出版社，2004.

［3］ 毛平生. 桑椹色素酸碱特性试验［J］. 蚕桑茶叶通讯，2005，3：7-8.

（刘娅编写）

实验 13　乳状液的制备及性质测定

13.1　实验目的

① 了解乳状液的基本原理。

② 掌握制备乳状液及鉴别其类型的方法。

13.2　实验原理

（1）乳状液与乳化作用 油、水本互不相溶，但在一定条件下，两者却可以形成介稳态的乳浊液。其中一相以直径 $0.1\sim50nm$ 的小滴分散在另一相中，前者被称为内相或分散相，后者被称为外相或连续相。一般情况下，在乳状液中一个液相为水或水溶液，称为水相，用符号 W 表示；另一种与水互不相溶的液体统称为"油"相，用符号 O 表示。油分散在水中形成的乳状液，称水包油型（O/W，水为连续相）。反之，称为油包水型（W/O，油为连续相）。牛奶、乳脂（鲜奶油）、蛋黄酱、色拉调味汁、冰淇淋和蛋糕奶油属 O/W 型乳状液，而黄油和人造奶油为 W/O 型乳状液。肉乳状液包含更复杂的体系，这种体系中的分散相是细小的脂肪粒（固体），连续相是含有盐及可溶性和不溶性蛋白质、肌肉纤维和结缔组织颗粒的水溶液。

为了形成稳定的乳状液所必须加入的第三组分通常称为乳化剂，其作用在于不使有机质分散所得的液滴相互聚结。许多表面活性物质可以做乳化剂，它们可以在界面上吸附，形成具有一定机械强度的界面吸附层，在分散相液滴的周围形成坚固的保护膜而稳定存在，乳化剂的这种作用称为乳化作用（见图1）。

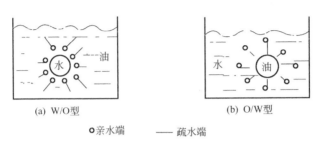

(a) W/O型　　　　　　　　　(b) O/W型

○亲水端　　—— 疏水端

图1　乳化剂的乳化作用示意图

(2) 鉴别乳状液类型的方法　乳状液有两种类型，水包油型（O/W）和油包水型（W/O）。鉴别乳状液类型的方法主要有下列几种。

① 稀释法：乳状液能被外相液体相同的液体所稀释。例如牛奶能被水稀释。因此，如加一滴乳状液于水中，立即散开，说明乳状液的分散介质是水，故乳状液属O/W型。如不立即散开，则属于W/O型。

② 电导法：水相中一般都含有离子，故其导电能力比油相大得多。当水为分散介质，外相是连续的，则乳状液的导电能力大。反之，油为分散介质，水为内相，内相是不连续的，乳状液的导电能力很小。若将两个电极插入乳状液，接通直流电源，并串联电流表，则电流表指针显著偏转为O/W型乳状液，若电流计指针几乎不偏转（除非分散相的体积超过60%），为W/O型乳状液。

③ 染色法：选择一种能溶于乳状液中两个液相中的一个液相的染料（如水性染料亚甲基蓝，油溶性染料苏丹Ⅲ）加入乳状液中。如将亚甲基蓝加入乳状液中，整个溶液呈蓝色，说明水是外相，乳状液是O/W型，若将苏丹Ⅲ加入乳状液，如果整个溶液呈红色说明油是外相，乳状液是W/O型，如果只有星星点点液滴带色，则是O/W型。

④ 荧光法：油在紫外光照射下，可产生荧光，因此W/O型乳化物可产生均匀的荧光场，而O/W型乳化物的荧光场则不均匀。

13.3　材料、试剂与仪器

材料：蛋黄，卵磷脂，植物油，洗涤剂。

试剂：苏丹红染料，亚甲基蓝，蔗糖酯（HLB＝1），蔗糖酯（HLB＝15），吐温40,3mol/L HCl 溶液,0.25mol/L MgCl₂ 水溶液,饱和 NaCl 水溶液。

仪器:小烧杯,试管,载玻片,10mL 和 50mL 量筒,4cm 培养皿,小滴管,1号电池2支,毫安表1个,电极1对,磁力搅拌器(或电动搅拌器),数显恒温水浴锅,显微镜。

13.4 操作与结果

13.4.1 实验操作

(1)乳状液的制备

① 准备植物油和蒸馏水,整个实验按照表1组成产生各种分散系。

表1 各类乳状液制备配方

乳 化 剂	油/mL	水/mL	溶剂	乳 化 剂	油/mL	水/mL	溶剂
Ⅰ型乳状液				Ⅱ型乳状液			
空白样	10	40	—	空白样	40	10	—
卵磷脂,0.5g	10	40	油	卵磷脂,0.5g	40	10	油
蛋黄,0.5mL	10	40	水	蛋黄,0.5mL	40	10	水
洗涤剂,0.5mL	10	40	水	洗涤剂,0.5mL	40	10	水
吐温40,0.5g	10	40	油	吐温40,0.5g	40	10	油
蔗糖酯(HLB1),0.5g	10	40	水	蔗糖酯(HLB1),0.5g	40	10	水
蔗糖酯(HLB15),0.5g	10	40	油	蔗糖酯(HLB15),0.5g	40	10	油

② 按照表1的调配方案,混匀乳化剂与油脂、水。

③ 将油和水移入电动搅拌器或磁力搅拌器的样品杯中。

④ 搅拌器用中速搅拌30s。

⑤ 搅拌后的分散液移入小烧杯或试管中,供下面实验用。

(2)乳状液的类型鉴别

① 稀释法:分别用小滴管将几滴Ⅰ型和Ⅱ型乳状液滴入盛有净水的烧杯中,观察乳状液滴于水中时是否立即散开。

② 染色法:取两支干净的试管,分别加入 1～2mL Ⅰ型和Ⅱ型乳状液,向每支试管中加入 1 滴苏丹Ⅲ溶液,振荡,在显微镜下观察乳状液的颜色。同样操作加 1 滴亚甲基蓝溶液,振荡,在显微镜下观察乳状液的颜色。

③ 电导法:取两个干净培养皿,分别加入少许Ⅰ型和Ⅱ型乳状液,按图2连接线路,依次鉴别两种乳状液

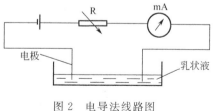

图2 电导法线路图

的类型(或用电导仪分别测两种乳状液,观察指针偏转是否显著,鉴别乳状液的类型)。

13.4.2 实验结果

将实验中所观察到的现象记录于表 2。

表 2 实验结果记录表

类型	乳化剂及用量	油 /mL	水 /mL	稀释法	染色法		电导法	乳状液类型
					苏丹Ⅲ	亚甲基蓝		
Ⅰ型乳状液	空白样	10	40					
	卵磷脂,0.5g	10	40					
	蛋黄,0.5mL	10	40					
	洗涤剂,0.5mL	10	40					
	吐温 40,0.5g	10	40					
	蔗糖酯(HLB1),0.5g	10	40					
	蔗糖酯(HLB15),0.5g	10	40					
Ⅱ型乳状液	空白样	40	10					
	卵磷脂,0.5g	40	10					
	蛋黄,0.5mL	40	10					
	洗涤剂,0.5mL	40	10					
	吐温 40,0.5g	40	10					
	蔗糖酯(HLB1),0.5g	40	10					
	蔗糖酯(HLB15),0.5g	40	10					

注：稀释法观察乳状液滴是否立即散开；染色法观察溶液颜色；电导法看指针偏转是否显著。

13.5 注意事项与补充

① 要根据表中要求用一相先溶解乳化剂后，再添加另一相进行搅拌混匀操作。

② 可根据实验时间和实验条件增减相关内容。

参考文献

[1] 黄晓钰，刘邻渭. 食品化学综合实验 [M]. 北京：中国农业大学出版社，2002.

[2] 吴仲儿，黄绍华，李志达等. 食品化学实验 [M]. 广州：暨南大学出版社，1994.

[3] 阚建全. 食品化学 [M]. 北京：中国农业大学出版社，2002.

[4] 范广平，江滨. 理化基础实验 [M]. 上海：上海科学技术出版社，2002.

[5] 吴肇亮，俞英编著. 基础化学实验·下册 [M]. 北京：石油工业出版社，2003.

[6] 赵维蓉，张胜义. 表面活性剂化学 [M]. 合肥：安徽大学出版社，1997.

[7] 赵国玺. 表面活性剂物理化学 [M]. 北京：北京大学出版社，1991.

(刘娅编写)

实验 14　蛋白质疏水性测定

14.1　实验目的

掌握荧光探针法测定蛋白质疏水性；了解不同组成和结构对蛋白质的疏水性

的影响。

14.2 实验原理

ANS(1-anilinonaphthalene-1-sulfonic acid，1-苯氨基萘-8-磺酸铵）是一种阴离子荧光探测剂，它在水溶液中的量子产率很低，当与蛋白质的疏水区域结合后，其量子产率大增，因此用来测定蛋白质的表面疏水性。但是由于静电相互作用对阴离子 ANS 结合的干扰（尤其在酸性条件下），或者 ANS 进入蛋白质的非极性空穴内，所以测定结果并不完全代表蛋白质的表面疏水性，略高于其真实值。分别测定不同浓度的样品的荧光强度（FI_0），然后将样品加入 $10\mu L$ 的 ANS 溶液后测其荧光强度（FI'）。FI' 和 FI_0 的差值记为 FI，以蛋白质浓度为横坐标，FI 为纵坐标作图，曲线初始段的斜率即为蛋白质的表面疏水性 S_0。

14.3 材料、试剂与仪器

试剂：pH 为 7.0 的 0.01mol/L 磷酸盐缓冲溶液、用 0.1mol/L pH7.0 磷酸盐缓冲溶液配制的 8.0mmol/L 的 ANS、甲醇。以上试剂均为分析纯。

仪器：Hitachi F-2500 荧光分光光度计。

14.4 操作与结果

① 将蛋白质样品用 pH7.0 的 0.01mol/L 磷酸盐缓冲溶液配制成 0.05～0.3g/L 的溶液。

② 取不同浓度稀释样品 2mL，采用 Hitachi F-2500 荧光分光光度计，在 390nm 的激发波长和 470nm 的发射波长下分别测定样品的荧光强度（FI_0）。

③ 将样品加入 $10\mu L$ 8.0mmol/L 的 ANS 溶液后在 390nm 的激发波长和 470nm 的发射波长下分别测其荧光强度（FI'）。

④ 以蛋白质浓度为横坐标，FI' 和 FI_0 的差值为纵坐标作图，曲线初始段的斜率即为蛋白质的表面疏水性 S_0。

14.5 注意事项与补充

可根据实际选择使用 0.01mol/L 的 pH5.5～7.4 磷酸盐缓冲溶液，其中可以加入 0～0.6mol/L 的 NaCl。

参考文献

[1] Shuryo Nakai. Measurement of Protein Hydrophobicity. Current Protocols in Food Analytical Chemistry[M]. Rouald E. Wrolstad(Ed). New York：John Wiley & Sons Inc，2003：B5.1.1-B5.1.9.

[2] 刘坚，江波，张涛等. 超高压对鹰嘴豆分离蛋白功能性质的影响. 食品与发酵工业，2006，32 (12)：64-68.

（王洪伟编写）

第4章
食品化学探索性实验

实验1 糖浓度对柑橘汁水分活度的影响

1.1 实验目的

通过实验研究，了解不同糖浓度对柑橘水分活度的影响程度，并掌握水分活度的测定方法。

1.2 实验原理

食品中水分活度受温度和食品中非水成分的影响，在一定温度下，食品中非水成分越多且非水成分与水结合力越强，则食品的水分活度就越小。

1.3 实验设计

① 榨取柑橘汁。
② 制取不同蔗糖浓度的柑橘汁。
③ 测定各柑橘汁的水分活度。

1.4 实验材料、试剂与仪器

柑橘；蔗糖；烧杯；打浆机；电子天平。

1.5 实验主要方法操作

（1）榨取柑橘汁 称取 600g 柑橘，去皮，将柑橘瓣放入打浆机中，添加 200mL 蒸馏水，打浆、过滤，得柑橘汁。

（2）制取不同蔗糖浓度的柑橘汁 准确称取柑橘汁 50g，共 6 份。分别在柑橘汁中添加不同质量的蔗糖，使其蔗糖浓度分别为 0g/50g 柑橘汁、2g/50g 柑橘汁、4g/50g 柑橘汁、6g/50g 柑橘汁、8g/50g 柑橘汁、10g/50g 柑橘汁，在室温下充分搅拌溶解。

（3）测定各柑橘汁的水分活度 测定各柑橘汁的水分活度，参见第 3 章实验

1 的方法。

1.6 实验结果记录

将实验结果记录于表 1。

表 1 实验结果记录表

不同蔗糖浓度/(g/50g 柑橘汁)	0	2	4	6	8	10
水分活度(A_w)						

1.7 实验现象分析与解释

① 随着蔗糖浓度的增加，柑橘汁水分活度发生了怎样的变化？
② 请解释柑橘汁水分活度为什么会产生这种变化？

参考文献

[1] 苏东民，贺鸣，钱平，李里特. 甘油对面包品质及其耐贮存特性的影响 [J]. 河南工业大学学报.
自然科学版，2007，28（3）：1-4.

[2] 阚建全. 食品化学 [M]. 北京：中国农业大学出版社，2002.

（黄文书编写）

实验 2　不同淀粉的 α-淀粉酶水解适性测定

2.1 实验目的

① 学习和掌握 α-淀粉酶的性质和作用原理。
② 了解 α-淀粉酶作用于不同种类淀粉时的终产物差异。

2.2 实验原理

α-淀粉酶 [α-(1→4)-葡聚糖-4-葡萄糖水解酶，EC 3.2.1.1] 是一种内切酶，能在淀粉分子的内部任意切开 α-(1→4) 键，而不能切开 α-(1→6) 键。因水解产物还原性末端葡萄糖第一位碳原子（C-1）的光学性质呈 α-型，故叫 α-淀粉酶。但现在 α-淀粉酶的涵义不是指产物光学性质，而是指能够任意从分子内部切开淀粉起液化作用的酶。α-淀粉酶水解淀粉的行为可用图 1 来说明。淀粉在 α 淀粉酶作用下，分子迅速降解，黏度下降，对碘的呈色反应由蓝变紫、变红，最后变为无色，同时对铜试剂的还原力逐渐增加，这种现象叫液化作用。通过对碘反应和还原力变化，可判断淀粉的液化程度。

α-淀粉酶作用于直链淀粉时，淀粉迅速水解为麦芽糖、麦芽三糖和分子量较大的麦芽寡糖，然后再将麦芽三糖和寡糖慢慢水解为麦芽糖和葡萄糖。第二步反应并不像第一步反应是任意乱切的，α-淀粉酶不能水解麦芽糖的 α-(1→4) 键。

α-淀粉酶作用于支链淀粉时，由于不能水解 α-(1→6) 键，也不能切开分支点附近的 α-(1→4) 键，因此水解终产物中除麦芽糖和少量的葡萄糖外还残留带 α-(1→6) 链的小分子糊精。不同来源的酶所产生的糊精结构不同。

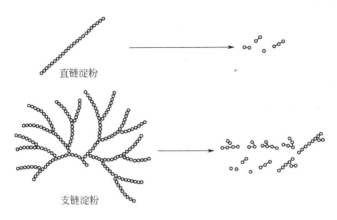

直链淀粉

支链淀粉

图 1 α-淀粉酶水解淀粉的作用模式

钙离子对 α-淀粉酶活力的稳定性有提高作用，酶在钙离子浓度较低时，稳定性相当好。在钙离子浓度为 $50\sim70mg/kg$ 时已足够。所以，用自来水配料时已不需加 Ca^{2+}。

生淀粉分子靠分子间氢键结合而排列得很紧密，形成束状的胶束，彼此之间的间隙很小，即使水分子也难以渗透进去，因此不易为 α-淀粉酶水解。当淀粉在水中充分加热后，会发生糊化现象，胶束全部崩溃，形成淀粉单分子，并为水包围，成为溶液状态，此时 α-淀粉酶可作用于相应位点使淀粉水解，麦芽糖含量增高。不同来源的淀粉中支链淀粉和直链淀粉比例及其连接方式不同，从而造成 α-淀粉酶作用后的还原糖——麦芽糖的生成量有所差异。

2.3 实验设计

(1) 淀粉的糊化　将上述淀粉以自来水配置成 1g/100mL 的淀粉溶液 100mL，加热至沸，沸水浴搅拌、保温 10min，使淀粉彻底糊化，并补足挥发的水分。注意观察淀粉溶液黏度的变化。

(2) α-淀粉酶对不同淀粉麦芽糖生成量的影响　将糊化后的淀粉溶液加入 5%（质量分数）的 α-淀粉酶液 5mL，调 pH 至 5.6，50℃下作用 1h，然后，分别迅速加入 1mol/L 盐酸 2.00mL，以停止淀粉酶的水解作用，测定溶液中麦芽糖含量。同时以未糊化的 1g/100mL 淀粉溶液作对照。酶解过程中，每隔 15min 取几滴反应液于试管中，加少许蒸馏水，滴加碘液，观察淀粉溶液颜色的变化。同时，观察酶解时淀粉溶液黏度的变化。

2.4 实验材料、试剂与仪器

实验材料：玉米淀粉、马铃薯淀粉、豌豆淀粉、大米淀粉、红薯淀粉、可溶性淀粉。

试剂：α-淀粉酶、麦芽糖、盐酸、氢氧化钠、3,5-二硝基水杨酸、酒石酸钾钠、柠檬酸、柠檬酸钠。

I_2-KI溶液：称取20.00g KI，加50mL蒸馏水溶解，再用天平迅速称取碘2.0g，置烧杯中，将溶解的KI溶液倒入其中，用玻璃棒搅拌，直到碘完全溶解，若碘不能完全溶解时，可再加少许固体KI即能溶解，贮存在棕色小滴瓶中待用，用时稀释50倍。

仪器：数显恒温水浴锅，酸度计，电子天平。

2.5 实验主要方法操作

2.5.1 制作麦芽糖标准曲线

（1）配制溶液

① 标准麦芽糖溶液（1mg/mL）：精确称取100mg麦芽糖，用蒸馏水溶解并定容至100mL。

② 3,5-二硝基水杨酸试剂：精确称取3,5-二硝基水杨酸1g，溶于20mL 2mol/L NaOH溶液中，加入50mL蒸馏水，再加入30g酒石酸钾钠，待溶解后用蒸馏水定容至100mL。盖紧瓶塞，勿使CO_2进入。若溶液浑浊可过滤后使用。

③ 0.1mol/L pH5.6的柠檬酸缓冲液

A液（0.1mol/L柠檬酸）：称取$C_6H_8O_7 \cdot H_2O$ 21.01g，用蒸馏水溶解并定容至1L。

B液（0.1mol/L柠檬酸钠）：称取$Na_3C_6H_5O_7 \cdot 2H_2O$ 29.41g，用蒸馏水溶解并定容至1L。

取A液55mL与B液145mL混匀，即为0.1mol/L pH5.6的柠檬酸缓冲液。

④ 1g/100mL淀粉溶液：称取1g淀粉溶于100mL 0.1mol/L pH5.6的柠檬酸缓冲液中。

⑤ 5g（质量分数）淀粉酶液：取酶活力单位在2000U/g的α-淀粉酶5g，用95mL的蒸馏水分散，然后用滤布过滤，滤液保留用于测定。α-淀粉酶应现配现用。

（2）麦芽糖标准曲线的制作　取7支干净的具塞刻度试管，编号，按表1加入试剂。

表1　麦芽糖标准曲线制作

试　剂	管　号						
	1	2	3	4	5	6	7
麦芽糖标准液/mL	0	0.2	0.6	1.0	1.4	1.8	2.0
蒸馏水/mL	2.0	1.8	1.4	1.0	0.6	0.2	0
麦芽糖含量/mg	0	0.2	0.6	1.0	1.4	1.8	2.0
3,5-二硝基水杨酸/mL	2.0	2.0	2.0	2.0	2.0	2.0	2.0

将上述试管摇匀，置沸水浴中煮沸 5min。取出后流水冷却，加蒸馏水定容至 20mL。以 1 号管作为空白调零点，在 540nm 波长下比色测定光密度。以麦芽糖含量为横坐标，光密度为纵坐标，绘制标准曲线。

2.5.2 α-淀粉酶对不同淀粉还原糖生成量的检测

将酶作用后的淀粉溶液取 1mL（含糖 3～4mg）置于 20mL 容量瓶中，加入 3,5-二硝基水杨酸溶液 2mL，置沸水浴中煮沸 5min，然后以流水迅速冷却，加蒸馏水定容到 20mL，摇匀。以上述 1 号管调零，在 540nm 处测定吸光度。根据麦芽糖标准曲线，查出对应的麦芽糖含量。

以不同种类的淀粉为横坐标，以相同条件下检测得出的麦芽糖含量为纵坐标，作柱状图，对各种淀粉在 α-淀粉酶作用下的麦芽糖生成量进行直观比较。

另外，α-淀粉酶酶解过程中，每隔 15min 取几滴反应液于试管中，加少许蒸馏水，滴加碘液 1 滴，观察淀粉溶液颜色的变化。

2.6 实验结果记录

将 α-淀粉酶酶解所得的实验数据记录于表 2。α-淀粉酶酶解过程中遇碘液呈现的颜色记录于表 3。

表 2 实验结果记录表

项　目	玉米淀粉	马铃薯淀粉	豌豆淀粉	大米淀粉	红薯淀粉	可溶性淀粉
1%糊化淀粉的 A 值						
1%未糊化淀粉的 A 值						
1%糊化淀粉的麦芽糖生成量/(mg/mL)						
1%未糊化淀粉的麦芽糖生成量/(mg/mL)						

表 3 实验结果记录表

时间/min	玉米淀粉	马铃薯淀粉	豌豆淀粉	大米淀粉	红薯淀粉	可溶性淀粉
0						
15						
30						
45						
60						

2.7 实验现象分析与解释

① 结合实验和所学知识，说明淀粉糊化与否对 α-淀粉酶的水解将产生何种影响？

② 为什么 α-淀粉酶作用于不同来源的淀粉会产生还原糖生成量的差异？

③ 为什么 α-淀粉酶酶解过程中遇碘液会产生不同的颜色?

参考文献

[1] 陈驹声. 酶制剂生产技术 [M]. 北京: 化学工业出版社, 1994.

[2] 蒋传葵, 金承德. 工具酶的活力测定 [M]. 上海: 上海科学技术出版社, 1982.

[3] 王肇慈. 粮油食品品质分析 [M]. 北京: 中国轻工业出版社, 2000.

(刘娅编写)

实验 3　pH 对明胶凝胶形成的影响

3.1　实验目的

掌握凝胶的凝胶时间、透明度、凝胶强度、保水性等凝胶特性的测定方法; 了解 pH 对明胶凝胶形成的影响。

3.2　实验原理

明胶是一种动物蛋白质, 它的蛋白质含量高达 80% 以上, 除了具有很高的营养价值外, 还具有许多优良的功能性质, 如增稠性、胶凝性、起泡性、成膜性以及侧链基团反应等。其中应用最多的功能性质是胶凝性, 明胶形成的胶凝属典型的热可逆凝胶。衡量明胶胶凝性的主要指标为胶凝温度与熔化温度、凝胶时间以及凝胶强度等。本实验通过比较不同 pH 条件对明胶凝胶时间、透明度、凝胶强度、保水性的影响来衡量其对明胶凝胶形成的影响。

3.3　实验设计

① 分别将 pH 为 3、4、5、6、7、8、9、10、11 的明胶溶液用 AR-100 流变仪测定动态黏弹性。以 pH 为横坐标, 凝胶时间为纵坐标作图, 比较不同 pH 对明胶溶液凝胶时间的影响。

② 分别将 pH 为 3、4、5、6、7、8、9、10、11 的明胶溶液用分光光度计测定在 660nm 处的吸光度值。以 pH 为横坐标, 吸光度值为纵坐标作图, 比较不同 pH 对明胶溶液吸光度值的影响。

③ 分别将 pH 为 3、4、5、6、7、8、9、10、11 的明胶溶液制备的凝胶利用 TA-XTplus2 物性仪进行测定其凝胶强度。以 pH 为横坐标, 凝胶强度为纵坐标作图, 比较不同 pH 对明胶凝胶强度的影响。

④ 分别将 pH 为 3、4、5、6、7、8、9、10、11 的明胶溶液制备的凝胶经 4000r/min 离心, 以 pH 为横坐标, 保水性为纵坐标作图, 比较不同 pH 对明胶凝胶保水性的影响。

3.4　材料、试剂与仪器

材料：明胶。

试剂：NaOH、HCl，以上均为分析纯。

仪器：分析天平、AR-100 流变仪、TA-XTplus2 物性仪、离心机。

3.5　实验主要方法操作

(1) 明胶溶液的配制　准确称取 10.0g 明胶样品于烧杯中（共 8 份），在各烧杯中均加入 100mL 蒸馏水，充分溶胀后，用 0.1mol/L NaOH 或 0.1mol/L HCl 将溶液的 pH 值分别调至 3、4、5、6、7、8、9、10、11，用保鲜膜封口，40℃水浴中平衡，备用。

(2) 明胶凝胶的制备　准确称取 10.0g 明胶样品于烧杯中（共 8 份），在各烧杯中均加入 100mL 蒸馏水，充分溶胀后，用 0.1mol/L NaOH 或 0.1mol/L HCl 将溶液的 pH 值分别调至 3、4、5、6、7、8、9、10、11，用保鲜膜封口，在 80℃的水浴中加热 40min，取出后在流水中快速冷却，然后在 4 ℃下静置 24h，测定前自然回复到室温。

(3) 凝胶时间的测定　采用 AR-100 流变仪测定明胶溶液的动态黏弹性（G' 和 G''），使用 40mm 的平行板系统，狭缝 1.0mm，振荡频率 1Hz，应变 5%。

不同 pH 的明胶溶液以 5℃/min 速度从 40℃降温至 5℃，并在 5℃扫描 30min，当 G' 开始大于 G''（即 $\tan\delta=1$）时对应的时间定义为凝胶时间。

(4) 透明度的测定　不同 pH 的明胶溶液保温下测定溶液在 660nm 处的吸光值 OD。

(5) 凝胶强度的测定　不同 pH 的明胶凝胶的凝胶强度利用 TA-XTplus2 物性仪进行测定，采用 Texture Profile Analysis（TPA）运行模式。测定时采用的参数为：测前速度 5.0mm/s，测试速度 2.0mm/s，测后速度 5.0mm/s，测定距离 10.0mm（约为凝胶高度的 30%），间隔时间 5s，数据采集速率 200 次/s，探头 p/0.5 圆柱形。

(6) 凝胶保水性的测定　制备好的凝胶经 4000r/min 离心 10min 后，称总重，去除离心出的水分，再称重，计算保水性：

$$\text{WHC}=\frac{W_2-W}{W_1-W}\times 100\%$$

式中　W——离心管重，g；

W_1——离心前的凝胶重＋离心管重，g；

W_2——离心后的凝胶重＋离心管重，g。

3.6　实验结果记录

将实验结果记录于表 1。

表1　pH 对明胶凝胶形成的影响

pH	凝胶时间	透明度	凝胶强度	持水性
3				
4				
5				
6				
7				
8				
9				
10				
11				

3.7　实验现象分析与解释

① 明胶溶液的凝胶时间与透明度反应了凝胶的什么功能特性？

② 不同 pH 影响明胶凝胶的凝胶强度和保水性的原因是什么？

参考文献

[1]　刘小玲. 鸡骨明胶的制备、结构及功能性质研究 [D]. 无锡：江南大学，2007.

[2]　张钟，翁兴磊. 芦荟凝胶的性质研究 [J]. 南京农业大学学报，2003，26（3）：88-90.

（王洪伟编写）

实验 4　玉米淀粉的羧甲基化改性处理及取代度测定

4.1　实验目的

羧甲基淀粉由于羧甲基的引入使之较淀粉亲水性强、易糊化、透明度高、凝沉性弱、冻融稳定性好等，所以进行淀粉羧甲基化很有必要。影响淀粉羧甲基化的因素很多，如 NaOH、一氯乙酸、有机溶剂用量、反应温度和时间等，为简化起见，本实验仅研究一氯乙酸用量对玉米淀粉进行羧甲基化改性处理的影响，并通过测定其取代度来评价。

4.2　实验原理

4.2.1　淀粉羧甲基化原理

（1）碱化反应　将淀粉浸泡在碱性溶液中，促使淀粉溶胀，使 NaOH 分子能渗入到颗粒内，尽量与结构单元上的所有羟基反应，生成淀粉钠-醚化反应的活性中心。碱化反应反应式为：

$$淀粉—OH + NaOH \longrightarrow 淀粉—O^- Na^+ + H_2O$$

从反应式来说，为增大反应的转化率，可以增大 NaOH 的用量。

（2）醚化反应　在碱性条件且淀粉没有糊化前，生成物与一氯乙酸或其钠盐起醚化反应，生成羧甲基淀粉。利用淀粉分子葡萄糖残基上 C-6、C-2 和 C-3 原子上的羟基所具有的醚化反应能力，使淀粉与一氯乙酸在 NaOH 的碱性条件下发生双分子亲核取代反应（S_N2），将羧甲基阴离子引入淀粉分子，其中优先发生在 C-6 原子上，其次在 C-2 和 C-3 原子上，因为 C-6 原子为伯碳原子，发生 S_N2 取代反应的活性顺序为伯碳＞仲碳＞叔碳。所得产物羧甲基淀粉钠盐是一种淀粉醚，为溶于冷水的聚电解质。其反应式如下：

$$ClCH_2COOH + NaOH \longrightarrow ClCH_2COONa$$

$$淀粉-O^-Na^+ + ClCH_2COONa \longrightarrow 淀粉-O-CH_2COONa + NaCl$$

当碱量不足时，会有如下副反应，从而破坏醚化反应活性中心：

$$淀粉-O^-Na^+ + ClCH_2COOH \longrightarrow 淀粉-OH + ClCH_2COONa$$

当碱量太大时，有如下副反应，从而降低一氯乙酸的利用率：

$$ClCH_2COONa + NaOH \longrightarrow HOCH_2COONa + NaCl$$

4.2.2 羧甲基淀粉取代度测定原理

取代度（DS）是指平均每个脱水葡萄糖单位（AGU）中被取代羟基的平均数。由于淀粉中每个 AGU 有 3 个羟基能被取代，因此理论上羧甲基淀粉的取代度最大值为 3。

用盐酸酸化淀粉溶液或淀粉悬浮液使羧甲基盐全部转化成酸式。淀粉用甲醇沉淀，澄清后用砂芯玻璃坩埚进行过滤，过量的酸性物质可以通过甲醇洗涤而完全除去，将淀粉干燥。称取一定量的干燥淀粉，加入适度过量的标准 NaOH 溶液处理，样品中过量的 NaOH 用标准 HCl 溶液滴定。

4.3　实验设计

固定其他影响因素的情况下，体系中分别加入 5g、6g、7g、8g 一氯乙酸进行醚化反应，通过测定取代度来评价一氯乙酸用量对淀粉羧甲基化的影响。

4.4　材料、试剂与仪器

① 材料：玉米淀粉。

② 试剂：一氯乙酸、NaOH、无水乙醇、冰乙酸、甲醇、氯化钠。所有试剂均为分析纯，水为蒸馏水。

4mol/L HCl 溶液：36mL 36％浓 HCl 加水定容至 100mL。

0.1mol/L HCl 溶液：0.9mL 36％浓 HCl 加水定容至 100mL。

0.1mol/L NaOH 溶液：0.4g NaOH 加无 CO_2 水定容至 100mL。

1％酚酞溶液：0.5g 酚酞溶于 50mL 无水乙醇中。

③ 仪器：电子天平、水浴锅、离心机、干燥器、pH 计、电动搅拌器、磁力搅拌器、砂芯坩埚（容量为 40mL，孔隙率为 P40，孔径 ϕ16～40μm）等。

4.5　实验主要方法操作

4.5.1　羧甲基淀粉的制备

称取 12g 玉米淀粉，75mL 无水乙醇和 4g NaOH 溶于 25mL 水中，于 35℃

水浴中搅拌 0.5h 后，再按实验设计加入一定量的一氯乙酸，45℃水浴中进行醚化反应 1.5h。反应结束后，冷却至室温，用冰乙酸调 pH 至 6.5～7.0，离心（3000r/min，5min），沉淀用 80％乙醇洗涤，离心，沉淀用无水乙醇干燥得到玉米羧甲基淀粉，贮于干燥器中备用。

4.5.2 羧甲基淀粉的取代度测定

① 样品准备：准确称取 3.000g 磨细的玉米羧甲基淀粉，置于 150mL 烧杯中。

② 玉米羧甲基淀粉盐的转化：用 3mL 甲醇润湿样品，并用刮勺搅拌均匀，加 75mL 水搅拌至完全分散（若样品黏度高，则加入 6mL 甲醇和 100mL 水）。用 4mol/L HCl 溶液调节 pH＝1，用搅拌器搅拌 30min。

③ 加入 300mL 甲醇（若样品用 100mL 水分散的则需 400mL 甲醇）于 500mL 烧杯中，将溶解好的实验样品溶液滴入甲醇中，同时用力搅拌。样品悬浮液加完后继续搅拌 1min，盖上烧杯，静置 2h。

④ 酸式羧甲基淀粉的洗涤：将烧杯中的上清液慢慢倒出，并收集到合适容器中，倒入砂芯坩埚中抽滤，抽干后加 25mL 甲醇，搅拌，重复抽滤至过滤液 pH 大于 3.5，用甲醇进行最后一次洗涤。将砂芯坩埚中物质 40℃干燥。

⑤ 样品滴定：将干燥物研碎，然后称取 1.5000g 样品，用 2mL 甲醇润湿，加 75mL 水溶解，在沸水浴中将烧杯中物质加热到 90℃，然后冷却至室温。加入 25.00mL 0.1mol/L NaOH 溶液，用保鲜膜密封烧杯，用磁力搅拌器搅拌 1h。滴 2～3 滴酚酞，用 0.1mol/L HCl 溶液滴定至刚好无色。若用于滴定的溶液非常黏稠可加入最大量为 50mg 的 NaCl 降低黏度。

⑥ 空白滴定：加入 25.00mL 0.1mol/L NaOH 溶液，再加 2mL 甲醇和 75mL 水，滴 2～3 滴酚酞，用 0.1mol/L HCl 溶液滴定至刚好无色。

⑦ 称取约 1g 用于滴定的实验样品，测定其水分含量。

4.6 实验结果记录

4.6.1 结果计算

酸式羧甲基的质量分数 W_c（以干淀粉计）计算如下：

$$W_c = \frac{C \times 58 \times (V_0 - V) \times 100}{m} \times \frac{100}{100 - W_m}$$

式中　C——用于滴定的稀盐酸浓度，mol/L；

　　58——酸式羧甲基的摩尔质量（—CH_2—COOH）；

　　V_0——空白滴定时消耗稀盐酸的体积，mL；

　　V——样品滴定时消耗稀盐酸的体积，mL；

　　m——用于滴定的实验样品质量，mg；

　　W_m——滴定用实验样品的水分质量分数，％，精确至 0.01％。

玉米羧甲基淀粉取代度计算公式如下：

$$DS = \frac{W_c \times 162}{(100 - W_c) \times 58}$$

式中　DS——干燥实验样品的羧甲基淀粉取代度（结果精确至 0.001）；

　　　162——脱水葡萄糖的摩尔质量。

4.6.2　结果记录

结果记录于表 1 中。

表 1　一氯乙酸量对玉米淀粉羧甲基化影响记录表

一氯乙酸量/g	V_0	V	m	C	W_m	W_c	DS/(mg/100mL)
5							
6							
7							
8							

4.7　实验现象分析与解释

从实验结果，分析一氯乙酸用量对玉米羧甲基淀粉取代度影响的规律，并联系 NaOH 应用，结合实验原理解释其原因。

参考文献

[1] 邱礼平，牛晨艳，温其标. 高直链淀粉羧甲基化影响因素的研究 [J]. 食品科技，2004，（4）：60-62.

[2] 陈学恒. 红薯淀粉羧甲基化改性研究 [J]. 中国粮油学报，2004，19（1）：35-39.

[3] 赵国华，张盛贵，周雅林等. 羧甲基葛根淀粉的制备及其流变特性的研究 [J]. 中国粮油学报，2004，19（6）：43-45.

[4] 中华人民共和国国家质量监督检验检疫总局，中国国家标准化管理委员会. GB/T 20375—2006 变性淀粉　羧甲基淀粉中羧甲基含量的测定 [S]. 北京：中国标准出版社，2006.

（郑刚、赵国华编写）

实验 5　油炸时间对油脂品质影响的研究

5.1　实验目的

① 掌握油脂主要指标过氧化值和酸价的测定原理及测定方法。

② 通过对不同油炸时间处理过程中油脂的主要指标过氧化值和酸价的测定，了解这两种影响油脂质量重要因素的形成过程，理解不同的油炸时间对油脂的氧化程度的差异，并通过实验培养对所学知识的理解能力和分析能力。

5.2　实验原理

油脂在油炸过程中，由于高温和水分的作用下，会发生各种化学反应，如热分解、热聚合、热氧化聚合、缩合、水解、氧化反应等。油脂经长时间加热，会导致油脂的品质降低，如黏度增大、碘值降低、酸价升高、发烟点降低、泡沫量增多。国家食用植物油卫生标准（GB 2716—2005）规定，食用植物油的酸价不得大于 3mg/g（以 KOH 计），过氧化值不得大于 0.25g/100g。国家食用植物油煎炸过程中的卫生标准（GB 7102.1—2003）又规定，酸价不得大于 5 mg/g（以 KOH 计）。

过氧化值的测定常采用滴定法和比色法，本试验采用滴定法，即在酸性条件下，脂肪中的过氧化值与过量的碘化钾反应生成游离碘，以硫代硫酸钠溶液滴定，计算含量。过氧化值（POV）是指 1kg 油脂中所含氢过氧化物的物质的量（mmol）。

酸价的测定是利用酸碱中和反应，用氢氧化钾标准溶液滴定油脂中的游离脂肪酸，以中和 1g 脂肪中游离脂肪酸所需消耗的氢氧化钾的质量（mg）表示酸价。

5.3 实验设计

① 取一定量的油脂样品测定未加热油炸前油脂的过氧化值和酸价，作为起始值。

② 取一定量油脂样品进行油炸处理，油炸对象为市售冷冻鱼丸等方便食品，温度保持在 150～180℃。依时间不同依次取样，如 5min、15min、20min、25min、30min、35min、40min。冷却后，分别测定油脂的过氧化值和酸价。

5.4 实验材料、试剂与仪器

① 材料：植物油脂；市售冷冻鱼丸等方便食品。

② 试剂：所用试剂均为分析纯，水为蒸馏水。

饱和碘化钾溶液：称取 14g 碘化钾，加 10mL 水溶解，必要时微热使其溶解，冷却后贮于棕色瓶中。

三氯甲烷-冰乙酸混合液：量取 40mL 三氯甲烷，加 60mL 冰乙酸，混匀。

硫代硫酸钠标准滴定溶液，浓度为 0.0020mol/L。

淀粉指示液（10g/L）：称取可溶性淀粉 0.50g，加少许水，调成糊状，倒入 50mL 沸水中调匀，煮沸。临用时现配。

乙醚-乙醇混合液：按乙醚-乙醇（2＋1）混合，用氢氧化钾（3g/L）中和至酚酞指示液呈中性。

氢氧化钾标准滴定溶液，浓度为 0.050mol/L。

酚酞指示液：10g/L 乙醇溶液。

③ 仪器：油炸锅，电子天平等。

5.5 实验主要方法操作

(1) 过氧化值的测定 称取 2g（准确至 0.01g）油脂置于干燥的 250mL 碘

量瓶中，加 30mL 三氯甲烷-冰乙酸混合液，轻轻摇动使试样完全溶解。加入 1mL 饱和碘化钾溶液，紧密塞好瓶盖，并轻轻振摇 0.5min，然后在暗处放置 3min。取出加 100mL 水，摇匀，立即用硫代硫酸钠标准滴定溶液（0.0020mol/L）滴定，至水层呈淡黄，加 1mL 淀粉指示液，继续滴定至蓝色消失为终点。取相同三氯甲烷-冰乙酸溶液、碘化钾溶液、水，按同一方法，做试剂空白试验。

(2) 酸价的测定　称取油脂 2g（准确至 0.01g）于 100mL 的锥形瓶中，加入中性乙醚-乙醇混合液 25mL，小心旋转摇动烧瓶使试样溶解，加三滴酚酞指示液，以氢氧化钾标准滴定溶液（0.05mol/L）滴定至初现微红色，并在 30 s 内不褪色为终点。

5.6　实验结果记录

(1) 过氧化值（POV）计算公式

$$X_1 = \frac{(V_1 - V_2) \times c \times 0.1269}{m} \times 100$$

$$X_2 = X_1 \times 78.8$$

式中　X_1——试样的过氧化值，g/100g；

　　　　X_2——试样的过氧化值，mmol/kg；

　　　　V_1——试样消耗硫代硫酸钠标准滴定溶液体积，mL；

　　　　V_2——试剂空白试样消耗硫代硫酸钠标准滴定溶液体积，mL；

　　　　c——硫代硫酸钠标准滴定溶液的浓度，mol/L；

　　　　m——试样质量，g；

　　0.1269——与 1.00mL 硫代硫酸钠标准滴定溶液（浓度为 1.000mol/L）相当的碘的质量，g；

　　　78.8——换算因子。

(2) 酸价计算公式

$$酸价（mg/g） = \frac{V \times c \times 56.11}{m}$$

式中　V——试样消耗氢氧化钾标准滴定溶液体积，mL；

　　　　c——氢氧化钾标准滴定的实际浓度，mol/L；

　　　　m——试样质量，g；

　　56.11——与 1.0mL 氢氧化钾标准滴定溶液（浓度为 1.000mol/L）相当的氢氧化钾毫克数。

(3) 计算结果记录（结算结果保留两位有效数字）　结果记录于表 1。

表 1　实验结果记录表

油炸时间/min	0	5	10	15	20	25	30	35	40
过氧化值/(g/100g)									
酸价/(mg/g)									

5.7　实验现象分析与解释

① 观察油脂在油炸过程中所发生的颜色、气味的变化，并解释原因。

② 比较油脂随着油炸时间的延长，过氧化值和酸价的变化，并解释原因。

③ 在测定油脂过氧化值和酸价过程中，如何保证实验结果的准确性和重复性。

④ 经过本实验，你认为该采取什么措施来延长油脂的货架期？

参考文献

[1] 王新芳. 油脂氧化及氧化稳定性的测定方法 [J]. 德州学院学报，2004，20 (6)：46-50.

[2] 中华人民共和国卫生部，中国国家标准化管理委员会. GB/T 5009.37—2003 食用植物油卫生标准的分析方法 [S]. 北京：中国标准出版社，2004.

[3] 中华人民共和国卫生部，中国国家标准化管理委员会. GB/T 7102.1—2003 食用植物油煎炸过程中的卫生标准 [S]. 北京：中国标准出版社，2004.

（汤务霞编写）

实验 6　绿叶蔬菜的酸褪色实验

6.1　实验目的

通过试验认识到"褪色"是食品蔬菜加工中普遍存在的现象，而复色是工艺难点，在理解叶绿素呈色机理及其影响因素的基础上，熟悉并掌握叶绿素的提取方法，运用专业理论知识，对所加工试验产品提出可行"护绿"措施。

6.2　实验原理

与食品有关的主要是高等植物中的叶绿素 a 和叶绿素 b 两种，两者含量比约为 3：1。当细胞死亡后，叶绿素即从叶绿体内游离出来，游离叶绿素很不稳定，对光或热都很敏感。在酸性条件下叶绿素分子的中心镁原子被氢原子取代，生成暗橄榄褐色的脱镁叶绿素，加热可加快反应的进行。叶绿素在稀碱溶液中水解，除去植醇部分，生成颜色仍为鲜绿色的脱植基叶绿素。因此碱性介质中（pH9.0），叶绿素对热非常稳定；酸性介质中（pH3.0）易降解。

植物组织受热后，细胞膜被破坏，增加了氢离子的通透性和扩散速率，于是由于组织中有机酸的释放导致 pH 降低一个单位，从而加速了叶绿素的降解。绿色蔬菜在酸作用下的加热过程中，叶绿素转变成脱镁叶绿素，因而颜色从鲜绿色很快变为橄榄褐色。因此护绿重点是要长期保持体系中 pH 接近中性，要采取一些特殊的方法，如缓慢释放的碱等，中和绿色植物内部不断产生的酸性物质。

首先提取叶绿素，然后分别在酸性和碱性介质下观察颜色改变情况。

6.3 实验设计

固定其他影响因素的情况下，通过提取样品中的叶绿素来进一步考察加酸、加热和加碱对叶绿素褪色的影响程度。

6.4 实验材料、试剂与仪器

材料：青菜。

试剂：盐酸、NaOH、丙酮。所有试剂均为分析纯，水为蒸馏水。

仪器：研钵、烧杯、容量瓶、量筒、分光光度计、滤纸等。

6.5 实验主要方法操作

(1) 叶绿素的提取和测定　均匀称取青菜样品 5g 研钵中，加入少许玻璃砂（约 1g），充分研磨后倒入 100mL 容量瓶中，然后用丙酮分几次洗涤研钵并倒入容量瓶中，用丙酮定容 100mL。充分振摇后，用滤纸过滤。取滤液用分光光度计在 645nm、663nm、652nm 处测定光密度，以 95% 丙酮做空白对照，按公式可计算出叶绿素的成分含量和总含量。

(2) 叶绿素在酸碱介质中的稳定性试验　分别取 10mL 叶绿素提取液，滴加 0.1mol/L 盐酸和 0.1mol/L NaOH 溶液，观察提取液的颜色变化情况，并记录下颜色变化的 pH 值。

6.6 实验结果记录

结果记录于表 1。

表 1　实验结果记录表

项　目	加酸	加碱	加热	颜色变化
叶绿素 1 号	√			
叶绿素 2 号		√		
叶绿素 3 号	√		√	
叶绿素 4 号	√		√	

6.7 实验现象分析与解释

① 叶绿素在酸碱介质中的稳定性如何？

② 日常生活中，若加水熬煮时间过长，或加热中加入醋，所炒的绿色蔬菜颜色容易变黄的原因是什么？

参考文献

[1] 陈晓山，黄谷亮. 蔗叶提取叶绿素试验 [J]. 广西轻工业，2005 ，(5)：12-13.

[2] 韩雅珊. 食品化学实验指导 [M]. 北京：中国农业出版社，1996.

[3] 吴仲儿，黄绍华. 食品化学实验 [M]. 广州：暨南大学出版社，1994.

[4] 谢笔钧. 食品化学 [M]. 北京：科学出版社，2004.

[5] 沈同，王镜岩. 生物化学 [M]. 北京：高等教育出版社，1990.

(付晓萍编写)

实验 7　氨基类物质及赖氨酸对 Maillard 反应影响的研究

7.1　实验目的

在理解羰氨反应褐变机理基础上，通过实验，了解不同氨基类物质对 Maillard 反应的影响，并掌握反映 Maillard 反应褐变程度的测定方法。

7.2　实验原理

羰氨反应，指含氨基的化合物与含羰基的化合物经缩合、聚合反应生成类黑色素的反应。羰氨反应的机制非常复杂，影响羰氨反应的因素也很多，其中氨基化合物对羰氨反应褐变程度有很大影响。胺类比氨基酸的褐变速度快，氨基酸中氨基在 ε-位或末位者比在 α-位反应速度快，碱性氨基酸比酸性氨基酸反应速度快。

7.3　实验设计

① 配制各氨基类化合物溶液和葡萄糖溶液。

② 考察不同氨基类化合物对羰氨反应褐变速度的影响。各氨基类化合物溶液分别与葡萄糖溶液等体积混合（见表 1），在 100℃ 下反应 2h，取出，用自来水迅速冷却到室温。

表 1　实验试剂混合表

试验号	氨基类化合物	糖　类
1	0.05mol/L 丙胺	0.05mol/L 葡萄糖
2	0.05mol/L 二丙胺	0.05mol/L 葡萄糖
3	0.05mol/L 三丙胺	0.05mol/L 葡萄糖
4	0.05mol/L 赖氨酸	0.05mol/L 葡萄糖
5	0.05mol/L 丙氨酸	0.05mol/L 葡萄糖
6	0.05mol/L 谷氨酸	0.05mol/L 葡萄糖

③ 考察指标为感官评价和测定 420nm 下吸光度。

7.4　实验材料、试剂与仪器

磷酸氢二钠；柠檬酸；丙胺；二丙胺；三丙胺；赖氨酸；丙氨酸；谷氨酸溶液；葡萄糖；容量瓶（1000mL、2000mL）；干燥箱。

7.5　实验主要方法操作

在 pH4.8 的磷酸氢二钠-柠檬酸缓冲液中分别配制 0.05mol/L 丙胺、二丙胺、三丙胺、赖氨酸、丙氨酸、谷氨酸溶液和 0.05mol/L 葡萄糖溶液。

(1) pH4.8 磷酸氢二钠-柠檬酸缓冲液的配制　称 28.40gNa_2HPO_4 溶于蒸

馏水中，于 1000mL 容量瓶中定容至刻度，配成 0.2mol/L Na_2HPO_4 溶液。称取 42.02g $C_6H_8O_7 \cdot H_2O$ 溶于蒸馏水中，于 2000mL 容量瓶中定容至刻度，配成 0.1mol/L 柠檬酸溶液。取 986mL 0.2mol/L Na_2HPO_4 溶液与 1014mL 0.1mol/L 柠檬酸溶液混合即成 pH4.8 磷酸氢二钠-柠檬酸缓冲液。

(2) 各类氨基类化合物溶液和葡萄糖溶液的配制　称取 0.2955g 丙胺、0.5060g 二丙胺、0.7164g 三丙胺、0.6508g 赖氨酸、0.4455g 丙氨酸、0.7356g 谷氨酸、0.9008g 葡萄糖分别溶于 pH4.8 磷酸氢二钠-柠檬酸缓冲液中，定容至 100mL，即配成 0.05mol/L 丙胺溶液、0.05mol/L 二丙胺溶液、0.05mol/L 三丙胺溶液、0.05mol/L 赖氨酸溶液、0.05mol/L 丙氨酸溶液、0.05mol/L 谷氨酸溶液、0.05mol/L 葡萄糖溶液。

(3) 氨基类化合物与葡萄糖发生羰氨反应褐变　各取 10.00mL 0.05mol/L 丙胺溶液、0.05mol/L 二丙胺溶液、0.05mol/L 三丙胺溶液、0.05mol/L 赖氨酸溶液、0.05mol/L 丙氨酸溶液、0.05mol/L 谷氨酸溶液分别与 10.00mL 0.05mol/L 葡萄糖溶液混合均匀，置于 100℃ 烘箱中反应 2h，取出用自来水冷却。

(4) 测定指标　冷却后，用紫外分光光度计在 420nm 下测吸光度，以磷酸氢二钠-柠檬酸缓冲溶液为对照，并观察溶液的颜色和气味。

7.6　实验结果记录

结果记录于表2。

表 2　实验结果记录表

试验号	氨基类化合物	糖类	溶液颜色和气味	吸光度
1	0.05mol/L 丙胺	0.05mol/L 葡萄糖		
2	0.05mol/L 二丙胺	0.05mol/L 葡萄糖		
3	0.05mol/L 三丙胺	0.05mol/L 葡萄糖		
4	0.05mol/L 赖氨酸	0.05mol/L 葡萄糖		
5	0.05mol/L 丙氨酸	0.05mol/L 葡萄糖		
6	0.05mol/L 谷氨酸	0.05mol/L 葡萄糖		

7.7　实验现象分析与解释

① 不同氨基类物质与葡萄糖反应，产生的颜色是否相同，颜色深浅是否相同，产生的气味是否相同？

② 在此反应条件下，哪种氨基类物质褐变速度最快？

③ 根据实验结果，可以采取什么措施控制或利用羰氨反应褐变？

参考文献

[1]　付莉，李铁刚. 简述美拉德反应 [J]. 食品科技，2006，(12)：9-10.

[2]　郭际，蔡长河，曾庆孝. 模型溶液研究荔枝干制过程中的非酶褐变反应 [J]. 食品工业科技，2007，

28（5）：71-74.

[3] 尤新. 氨基酸和糖类的美拉德反应——开发新型风味剂和食品抗氧剂的新途径 [J]. 食品工业科技，
2004，25（7）：138-140.

（黄文书编写）

实验 8　热处理温度对果汁中维生素 C 的影响

8.1　实验目的

维生素 C 又名抗坏血酸，具有广泛的生理功能，如能够增强免疫力、防治坏血病等，是人体不可缺少的营养成分。还原型维生素 C 和氧化型脱氢维生素 C 在一定条件下可以相互转换，具有生理作用，但若维生素 C 降解成 2,3-二酮古洛糖酸等产物后则无生理活性。使维生素 C 降解的因素很多，如加热、盐、pH 值等。在酸性溶液（pH＜4）中对热较稳定，在中性以上溶液（pH＞7.6）中非常不稳定。所以，本实验的目的是研究热处理温度对果汁中维生素 C 的影响，并掌握用 2,6-二氯酚靛酚滴定法测定还原型维生素 C 含量的原理及方法。

8.2　实验原理

在中性和碱性条件下，氧化型 2,6-二氯酚靛酚染料为蓝色；在酸性条件下，氧化型 2,6-二氯酚靛酚染料为红色。还原型 2,6-二氯酚靛为无色。在酸性条件下，用氧化型 2,6-二氯酚靛酚染料滴定果汁样品中还原型维生素 C，则氧化型 2,6-二氯酚靛酚（红色）被还原为还原型 2,6-二氯酚靛（无色），而还原型维生

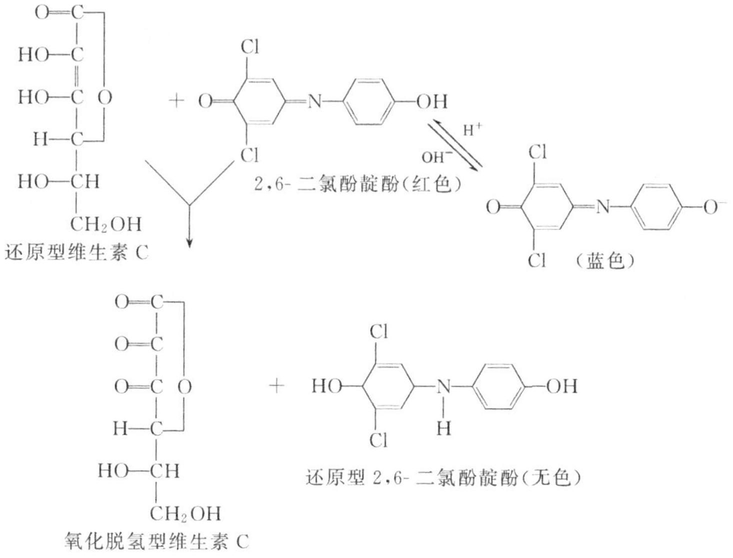

图 1　2,6-二氯酚靛酚测定维生素 C 原理

素C还原2,6-二氯酚靛酚后，本身被氧化成脱氢维生素C。当还原型维生素C被完全氧化后，多余半滴氧化型2,6-二氯酚靛酚（红色）即使溶液呈现红色。所以，当溶液由无色变为红色那一刻即为滴定终点。在没有杂质干扰时，一定量的果汁样品还原标准2,6-二氯酚靛酚的量与果汁样品中所含维生素C的量成正比。反应式如图1所示。

8.3 实验设计

将果汁在60℃、70℃、80℃、90℃、100℃水浴中加热30min，以未处理的果汁为对照，测定它们中还原型维生素C的含量，观察还原型维生素C含量的变化规律，从而了解热处理温度对果汁中还原型维生素C含量的影响。

8.4 材料、试剂与仪器

① 材料：果汁。

② 试剂：所有试剂均为分析纯，水为蒸馏水。

1g/100mL 草酸溶液：2.5g 草酸溶液 250mL 水中。

维生素 C 标准溶液：准确称取 20mg 维生素 C，用 1g/100mL 草酸溶液定容至 100mL，混匀，置冰箱中保存。使用时吸取上述维生素 C 标准溶液 5mL，用 1g/100mL 草酸溶液定容至 50mL。此标准使用液每毫升相当于 0.02mg 维生素 C。标定：吸取标准使用液 5mL 于三角烧瓶中，加入 6g/100mL 碘化钾溶液 0.5mL，1g/100mL 淀粉溶液 3 滴，再以 0.001mol/L KIO$_3$ 标准溶液滴定，终点为淡蓝色。计算如下：

$$维生素 C 浓度 (mg/mL) = \frac{V_1 \times 0.088}{V_2}$$

式中　V_1——滴定时所耗 0.001mol/L KIO$_3$ 标准溶液的量，mL；

　　　V_2——所取维生素 C 的量，mL；

　　0.088——1mL 0.0001mol/L KIO$_3$ 标准溶液相当于维生素 C 的量，mg/mL。

2,6-二氯酚靛酚溶液：称取碳酸氢钠 52mg，溶于 200mL 沸水中，然后称取 2,6-二氯酚靛酚 50mg，溶解在上述碳酸氢钠的溶液中，待冷，置于冰箱中过夜，次日过滤，定容至 250mL，摇匀。然后贮于棕色瓶中并冷藏，使用前标定。标定方法：取 5mL 已知浓度的维生素 C 标准溶液，加入 5mL 1g/100mL 草酸溶液，摇匀，用 2,6-二氯酚靛酚溶液滴定至溶液呈粉红色于 15s 不褪色为止。计算如下：

$$滴定度 (T) = (C \times V_1)/V_2$$

式中　C——维生素 C 的浓度，mg/mL；

　　　V_1——取维生素 C 的体积，mL；

　　　V_2——消耗 2,6-二氯酚靛酚溶液的体积，mL。

0.001mol/L KIO$_3$ 标准溶液：精确称取 KIO$_3$ 0.3568g（KIO$_3$ 预先在 105℃

烘 2h，在干燥器中冷却备用），定容至 1L，得到 0.01mol/L KIO₃ 液。再稀释 10 倍即为 0.001mol/L KIO₃ 标准溶液。

1g/100mL 淀粉溶液：称取 1g 可溶性淀粉，溶于沸水，冷却加水至 100mL。

6g/100mL 碘化钾溶液：6g 碘化钾溶于 100mL 水中。

③ 仪器：烧杯、容量瓶、量筒、滴定管、水浴锅等。

8.5 实验主要操作步骤

① 吸取 10mL 未经加热处理果汁（约含维生素 C 1～6mg），用 1g/100mL 草酸溶液定容至 100mL，摇匀。吸取 10mL 在 60℃、70℃、80℃、90℃、100℃ 水浴中加热 30min 的果汁，用 1g/100mL 草酸溶液定容至 100mL，摇匀。

② 将果汁样液过滤，若果汁样液具有颜色，用白陶土（应选择脱色力强但对维生素 C 无损失的白陶土）脱色，然后迅速吸取 5.0mL 果汁滤液和 5.0mL 1g/100mL 草酸溶液，置于 50mL 三角烧瓶中，用标定的 2,6-二氯酚靛酚溶液滴定，直至溶液呈粉红色于 15s 内不褪色为止。用 1g/100mL 草酸溶液代替果汁样液做空白实验。

8.6 结果计算与记录

（1）结果计算

$$维生素\ C(mg/100mL) = (V_1 - V_0) \times T \times F \times 100/V_2$$

式中　V_1——滴定果汁样液消耗 2,6-二氯酚靛酚溶液的体积，mL；

　　　V_0——滴定空白液消耗 2,6-二氯酚靛酚溶液的体积，mL；

　　　T——1mL 2,6-二氯酚靛酚溶液相当于维生素 C 标准溶液的量，mg；

　　　F——果汁定容时的稀释倍数；

　　　V_2——滴定时所取的果汁滤液的体积，mL。

（2）结果记录　结果记录于表 1～表 3。

表 1　维生素 C 使用液标定记录表

平行实验	V_1/mL	V_2/mL	维生素 C 浓度/(mg/mL)	平均维生素 C 浓度/(mg/mL)
1				
2				
3				

表 2　2,6-二氯酚靛酚溶液标定记录表

平行实验	V_1/mL	V_2/mL	平均维生素 C 浓度/(mg/mL)	T	平均 T
1					
2					
3					

表3　热处理温度对果汁中还原型维生素 C 含量影响记录表

温度	V_0/mL	V_1/mL	V_2/mL	F	平均 T	维生素 C/(mg/100mL)
未加热						
60℃						
70℃						
80℃						
90℃						
100℃						

8.7　实验现象分析与解释

比较热处理温度对还原型维生素 C 的影响，找出维生素 C 的变化规律，并说说其对生活和工业杀菌的启示。

参考文献

[1]　汪东风. 食品科学实验技术 [M]. 北京：中国轻工业出版社，2006.

[2]　韩雅珊. 食品化学实验指导 [M]. 北京：北京农业大学出版社，1992.

（谌小立，赵国华编写）

第5章

食品化学综合设计性实验

实验1　Maillard 反应初始阶段的测定

1.1　实验目的

① 使食品化学的美拉德（Maillard）反应单元知识与实验技能得到巩固、充实和提高，提高综合分析和解决褐变问题的能力。

② 培养学生初步开展研究性实验的能力，为以后毕业论文与毕业设计的开展打下坚实基础。

1.2　实验原理

美拉德反应是1912年法国化学家路伊斯·美拉德在甘氨酸和葡萄糖混合加热时发现的。这种反应不仅对颜色发生变化起重要作用，而且伴随有香气、香味产生。美拉德反应一经发现便在食品工业中得到了广泛的应用。

美拉德反应开始，以无紫外吸收的无色溶液为特征。随着反应不断进行，还原力逐渐增强，溶液变成黄色，在近紫外区吸收增大，同时还有少量糖脱水变成5-羟甲基糖醛（HMF），以及形成二羰基化合物和色素的初产物，最后生成类黑精色素。本实验利用模拟实验：即葡萄糖与甘氨酸在一定 pH 缓冲液中加热反应，一定时间后测定 HMF 的含量和在波长为 285nm 处的紫外消光值。

HMF 的测定方法是根据 HMF 与对氨基甲苯和巴比妥酸在酸性条件下的呈色反应。此反应常温下生成最大吸收波长 550nm 的紫红色。

1.3　实验设计

为研究温度、pH 值以及添加褐变抑制剂（如亚硫酸盐等）对美拉德反应的影响，借助对 HMF 的测定，设计考察不同影响因素对美拉德反应的影响效果。

1.4　实验材料、试剂与仪器

分光光度计、水浴锅、试管；巴比妥酸溶液；对氨基甲苯溶液；1mol/L 葡萄糖溶液；0.1mol/L 甘氨酸溶液。

1.5 实验主要方法操作

① 取 5 支试管，分别加入 5mL 1.0mol/L 葡萄糖溶液和 0.1mol/L 赖氨酸溶液，编号为 A1、A2、A3、A4、A5。A2、A4 调 pH 到 9.0，A5 加亚硫酸钠溶液。5 支试管置于 90℃ 水浴锅内并计时，反应 1h，取 A1、A2、A5 管，冷却后测定它们的 258nm 紫外吸收和 HNF 值。

② HMF 的测定：A1、A2、A5 各取 2.0mL 于三支试管中，加对氨基甲苯溶液 5mL。然后分别加入巴比妥酸溶液 1mL，另取一支试管加 A1 液 2mL 和 5mL 对氨基甲苯溶液，但不加巴比妥酸液而加 1mL 水，将试管充分振动。试剂的添加要连续进行，在 1～2min 内加完，以加水的试管作参比，测定在 550nm 处吸光度，通过吸光度比较 A1、A2、A5 中 HMF 的含量可看出美拉德反应与哪些因素有关。

③ A3、A4 两试管继续加热反应，直到看出有深颜色为止，记下出现颜色的时间。

1.6 实验结果记录

结果记录于表 1。

表 1 实验结果记录

编号	反应条件	反应 1h 后	结果
A1	加热	测定 258nm 紫外吸收和 HNF 值	
A2	加热；pH 到 9.0	测定 258nm 紫外吸收和 HNF 值	
A3	加热	加热	
A4	加热；pH 到 9.0	加热	
A5	加热；亚硫酸钠溶液	测定 258nm 紫外吸收和 HNF 值	

编号	反应条件	测定	结果
A1	对氨基甲苯溶液、巴比妥酸溶液		
	对氨基甲苯溶液	测定在 550nm 处	
A2	对氨基甲苯溶液、巴比妥酸溶液	吸光度	
A5	对氨基甲苯溶液、巴比妥酸溶液		

1.7 实验现象分析与解释

① 解释温度对美拉德反应的影响，列举证据说明。

② 改变 pH 值和使用亚硫酸盐对美拉德反应的影响，列举证据说明。

参考文献

[1] 阚建全. 食品化学 [M]. 北京：中国农业大学出版社，2002.

[2] 韩雅珊. 食品化学实验指导 [M]. 北京：中国农业出版社，1996.

[3] 吴仲儿，黄绍华. 食品化学实验 [M]. 广州：暨南大学出版社，1994.

[4]　谢笔钧. 食品化学 [M]. 北京：科学出版社，2004.

[5]　汪东风. 食品科学实验技术 [M]. 北京：中国轻工业出版社，2006.

（付晓萍编写）

实验 2　常见加工方式对红薯淀粉体外消化率的影响

2.1　实验目的

淀粉是人类膳食的主要成分，影响其消化速率的因素很多，如淀粉的性质、物理形态、与蛋白质和脂的交互作用、抗营养和抑酶因子以及食品加工方法等。本实验的目的是考察几种常见的加工方式对红薯淀粉体外消化率的影响。

2.2　实验原理

淀粉类食品的体外消化性是指在体外模拟肠道内环境，用淀粉酶水解淀粉，通过测定酶解液中还原糖的含量，测定出淀粉的水解速率，从而预测淀粉在肠道内的消化情况。

2.3　实验设计

对红薯进行蒸制、煮制、烤制、油炸 4 种不同的加工处理使之熟透，之后采用 α-淀粉酶酶解处理后的样品溶液，以加酶水解后生成的还原糖的量占样品干重的百分率（db%）表示淀粉的体外消化率，从而来考察不同加工处理对红薯淀粉的体外消化性的影响。

2.4　材料、仪器和试剂

（1）材料　市售新鲜红薯。

（2）仪器　电热恒温干燥箱；扁形铝制或玻璃制称量瓶；干燥器；分析天平；低速离心机；远红外线电热食品烤箱；电炉；酸式滴定管。

（3）试剂

① α-淀粉酶溶液。

② 碱性酒石酸铜甲液：称取 15g 硫酸铜（$CuSO_4 \cdot 5H_2O$）及 0.05g 亚甲基蓝，溶于水中并稀释至 1000mL。

③ 碱性酒石酸铜乙液：称取 50g 酒石酸钾钠，溶于水中，再加入 4g 亚铁氰化钾，完全溶解后，用水稀释至 1000mL，贮存于橡胶塞玻璃瓶内。

④ 葡萄糖标准溶液：准确称取 1.0000g 经过（96±2）℃干燥 2 h 的纯葡萄糖，加水溶解后加入 5mL 盐酸，并以水稀释至 1000mL。此溶液每毫升相当于 1.0 mg 的葡萄糖。

2.5　实验主要方法操作

（1）水分含量（w）的测定——直接干燥法　取洁净的称量瓶，置于 105℃

干燥箱中烘至恒重，记录称量瓶的总量 m_0。再称取 2.00～10.00g 磨细的试样放入已称至恒重的称量瓶中，记录称量瓶加样品质量 m_1，然后将其置于 105℃ 干燥箱中烘至恒重，记录此时的样品加称量瓶的质量 m_2。

(2) 样品处理　蒸制是将整个红薯置于 100℃ 蒸汽下蒸 30min 至熟透；煮制是将整个红薯置于 100℃ 沸水中煮 20min 至熟透；烤制是将整个红薯置于 200℃ 的烤箱中烤 50min 至熟透；油炸是将切片后的红薯置于 180℃ 菜籽精练油中炸 5min 至熟透。取样时从样品红薯上、中、下三层分别取出检样，取可食部分（去皮），混合切碎后待用。

(3) 淀粉酶解　称取处理后样品 20.00g，加醋酸钠缓冲液 20mL 置于研钵，研磨，转移到 250mL 容量瓶中，加 α-淀粉酶溶液（淀粉酶活力为 20000U/mL）4mL，定容。置于 37℃ 水浴保温处理，缓慢搅拌，分别在第 0min、60min、120min、180min、240min 时取摇匀后的淀粉溶液 8mL，分别置于离心管中，在 5000r/min 离心 10min 后取上清液 2mL 于 25mL 容量瓶中定容，测定其中还原糖的含量。

(4) 酶解液中还原糖含量的测定——直接滴定法

① 标定碱性酒石酸铜溶液　吸取碱性酒石酸铜甲液、乙液各 5.0mL，置于 150mL 锥形瓶中，加 10mL 水，加入玻璃珠 2 粒，从滴定管加入 1mg/L 的标准葡萄糖液 9.5mL，用电炉加热，控制在 2min 内沸腾，趁热以每秒 1 滴的速度继续滴加至蓝色刚好褪去为终点。记录消耗的葡萄糖标准溶液的体积（V_0），同时平行操作三份，取其平均值，计算每 10mL（甲、乙液各 5mL）碱性酒石酸铜试液相当于葡萄糖的质量 A（$A = 1mg/mL \times V_0$）。

② 粗滴定　吸取碱性酒石酸铜试液各 5mL，置于 150mL 锥形瓶中，加 10mL 水，加入玻璃珠 2 粒，控制在 2min 内沸腾，趁热以先快后慢的速度滴加样品溶液，待颜色变浅时，趁热以每 2s 1 滴的速度继续滴加至蓝色刚好褪去为止。记录样液消耗体积（V_1）。当样液中还原糖浓度较高时应适当稀释，再进行正式测定，使每次滴定消耗的样液的体积控制在与标定斐林溶液所消耗的还原糖标准溶液的体积相近，约在 10mL 左右。当浓度过低时则采取直接加入 10mL 样品液，免去加水 10mL，再用还原糖标准溶液滴定至终点，记录消耗的体积与标定时消耗的还原糖标准溶液体积之差相当于 10mL 样液中所含还原糖的含量。

③ 精密滴定　吸取碱性酒石酸铜甲、乙液各 5mL，置于 150mL 锥形瓶中，加 10mL 水，加入玻璃珠 2 粒，控制在 2min 内沸腾，从滴定管中加入比粗滴定约少 1mL 的样品溶液，加热使之在 2min 内沸腾，并维持沸腾 2min，趁热以每 2s 1 滴的速度继续滴加至蓝色刚好褪去为止。记录样液消耗体积。同法平行操作三份，得出平均消耗的体积（V_2）。

2.6　实验结果记录

① 样品水分含量（w）=＿＿＿＿＿＿＿＿。数据记录于表1。

表 1　样品的水分含量记录表

称量瓶质量 (m_0)/g	烘干前样品和称量瓶质量 (m_1)/g	烘干后样品和称量瓶质量(m_2)/g			
		1	2	3	恒重值
平行样 1					
平行样 2					
平行样 3					

水分含量按下式进行计算：

$$w = \frac{m_1 - m_2}{m_1 - m_0} \times 100\%$$

② 标定碱性酒石酸铜试液所消耗的葡萄糖标准溶液的体积（V_0）= _____。

③ 粗滴定时消耗的样液的体积（V_1）记录于表 2。

表 2　粗滴定时消耗的样液的体积记录表

处理方式	0min	60min	120min	180min	240min
蒸制					
煮制					
烤制					
油炸					

④ 精密滴定时消耗的样液的体积（V_2）记录于表 3。

表 3　精密滴定时消耗的样液的体积记录表

处理方式	0min	60min	120min	180min	240min
蒸制					
煮制					
烤制					
油炸					

⑤ 体外消化率（db%）。数据记录于表 4。

按下式进行计算：

$$X = \frac{A \times 3125}{20 \times (1-w) \times V_2 \times 1000} \times 100\%$$

式中　X——体外消化率（db%）；

　　　A——碱性酒石酸铜溶液相当于葡萄糖的质量，mg；

　　　w——红薯的水分含量，g/100g；

　　　20——称取的红薯样品的质量，g；

　　　3125——测定还原糖时样品的稀释倍数；

　　　V_2——精密滴定时消耗的样液的体积，mL。

表 4   各种加工方式的体外消化率

处理方式	0min	60min	120min	180min	240min
蒸制					
煮制					
烤制					
油炸					

2.7   实验现象分析与解释

① 比较这 4 种加工方式对红薯淀粉的体外消化性影响的大小。

② 思考加工处理影响淀粉体外消化性的原因。

参考文献

［1］ 尹青岗，张倩，赵国华. 加工方式对红薯淀粉体外消化性的影响 ［J］. 粮油加工，2007，115-117.

［2］ 钟耕. 葛根淀粉和藕淀粉的理化性质及血糖指数体外测定的研究 ［D］. 重庆：西南农业大学，2003.

［3］ 张水华. 食品分析实验 ［M］. 北京：化学工业出版社，2006.

（郑刚、赵国华编写）

实验 3   提高油炸用油氧化稳定的研究（单一抗氧化剂和复合抗氧化剂的效果）

3.1   实验目的

通过实验考察不同抗氧化剂在高温下对油炸用油稳定性的影响，确定适合添加在油炸油中的抗氧化剂，并掌握酸价和过氧化值的测定方法。

3.2   实验原理

食用油在煎炸食品过程中，其温度可达 150～250℃，在这样的高温环境下，食用油很容易氧化变质，产生有机酸和过氧化物，导致油的酸值和过氧化值升高，大大缩短食用油的使用寿命，增加了油炸食品的加工成本。抗氧化剂可以在一定程度上延缓油的氧化，防止酸值和过氧化值升高。但不同抗氧化剂对油炸油氧化稳定性的影响是不同的。

3.3   实验设计

① 自制油炸材料。

② 抗氧化剂对油炸用油氧化稳定性的影响。选择抗氧化剂 BHA（丁基羟基茴香醚）、BHT（二丁基羟基甲苯）、TBHQ（叔丁基对苯二酚）考察它们对油炸用油稳定性的影响（表1）。

表 1 实验方案

试验号	BHA/(g/kg)	BHT/(g/kg)	TBHQ/(g/kg)
1	0	0	0
2	0.2	—	—
3	—	0.2	—
4	—	—	0.2
5	0.1	0.1	—
6	0.1	—	0.1
7	—	0.1	0.1
8	0.05	0.05	0.1

③ 考察指标为过氧化值和酸价。

3.4 实验材料、试剂与仪器

大豆油；面粉制成的果品；BHT；BHA；TBHQ；煤气灶；油浴锅；油炸勺；温度计；电子天平。

3.5 实验主要方法操作

(1) 自制面粉果品 面粉果品的配方为：1200g 面粉＋440mL 水＋24g NaCl＋1.80g Na_2CO_3。按此配方称量原料，混匀，揉制成条，切成小段，每段 30g，备用。

(2) 抗氧化剂对油炸用油稳定性的影响 取 1kg 油炸用油，按实验方案添加抗氧化剂，然后用此油去炸制面粉果品，在油炸温度 180 ℃条件下间歇操作，每次面团油炸时间为 2min，总油炸时间为 1h，每 15min 取油样分析其酸值和过氧化值，并同时用不添加抗氧化剂的煎炸油做空白对照实验。

(3) 酸价测定

① 所需各种试剂及仪器设备 1%酚酞指示液；2∶1 中性乙醚-乙醇混合液；0.1000mol/L 氢氧化钾标准溶液；250mL 锥形瓶；50mL 碱式滴定管（也可用 50mL 酸式滴定管）。

② 分析步骤 精密称取 3～5g 样品，置于锥形瓶中，加入 50mL 中性乙醚-乙醇混合液，振摇使油溶解，必要时可置热水中温热促其溶解。冷至室温，加入酚酞指示液 2～3 滴，以 0.1000mol/L 氢氧化钾标准溶液滴定，至初现微红色，且 30s 内不褪色为终点。

③ 计算

$$X = \frac{V \times C \times 56.11}{m}$$

式中 X——样品的酸价；

V——样品消耗氢氧化钾标准溶液体积，mL；

C——氢氧化钾标准溶液浓度，mol/L；

m——样品质量，g；

56.11——1mol/L 氢氧化钾溶液 1mL 相当氢氧化钾的质量，mg。

（4）过氧化值测定

① 所需各种试剂及仪器设备　饱和碘化钾溶液；三氯甲烷-冰乙酸混合液；0.002mol/L 硫代硫酸钠标准溶液；1%淀粉指示剂；250mL 碘量瓶；50mL 酸式滴定管。

② 分析步骤　精密称取 2～3g 混匀（必要时过滤）的样品，置于 250mL 碘量瓶中，加 30mL 三氯甲烷-冰乙酸混合液，使样品完全溶解。加入 1.00mL 饱和碘化钾溶液，紧密塞好瓶盖，并轻轻振摇 0.5min，然后在暗处放置 3min。取出加 100mL 水，摇匀，立即用 0.002mol/L 硫代硫酸钠标准溶液滴定，至淡黄色时，加 1mL 淀粉指示液，继续滴定至蓝色消失为终点。取相同量三氯甲烷-冰乙酸溶液、碘化钾溶液、水，按同一方法，做试剂空白试验。

③ 计算

$$过氧化值(I_2\%) = \frac{c(V - V_0) \times 0.1269}{m} \times 100\%$$

式中　c——硫代硫酸钠标准溶液的浓度，mol/L；

　　　V——油样消耗硫代硫酸钠标准溶液的体积，mL；

　　　V_0——试剂空白消耗硫代硫酸钠标准溶液的体积，mL；

　　　m——油样的质量，g；

0.1269——1mol/L 硫代硫酸钠标准溶液 1mL 相当于碘的质量，g。

3.6　实验结果记录

结果记录于表 2、表 3。

表 2　油炸过程酸价变化

油炸时间	试验 1	试验 2	试验 3	试验 4	试验 5	试验 6	试验 7	试验 8
0min								
15min								
30min								
45min								
60min								

表 3　油炸过程过氧化值变化

油炸时间	试验 1	试验 2	试验 3	试验 4	试验 5	试验 6	试验 7	试验 8
0min								
15min								
30min								
45min								
60min								

3.7 实验现象分析与解释

① 通过实验结果判断，哪种抗氧化剂对保持油炸油的稳定性效果较好。

② 在油炸过程中，添加了不同抗氧化剂的油炸油其酸价是如何变化的？变化趋势是否一致？请解释原因。

③ 在油炸过程中，添加了不同抗氧化剂的油炸油其过氧化值是如何变化的？变化趋势是否一致？请解释原因。

④ 对于同一抗氧化剂，酸价和过氧化值的变化趋势是否一致？

参考文献

[1] 李家洲. BHT 与 TBHQ 对煎炸油稳定效果的比较研究 [J]. 中国油脂，2006，31（6）：70-72.

[2] 李东锐，毕艳兰，肖新生等. 食用油煎炸过程中的品质变化研究 [J]. 中国油脂，2006，31（6）：34-36.

[3] 吴时敏，吴谋成，马莉. 植物甾醇在菜籽高级烹调油中的抗氧化作用（Ⅱ）——高温下抗氧化作用的研究 [J]. 中国油脂，2003，28（5）：32-34.

（黄文书编写）

实验 4 大豆分离蛋白的乳化特性研究

4.1 实验目的

① 了解蛋白质的乳化特性。

② 了解蛋白质乳化特性的测定方法。

③ 了解影响蛋白质乳化特性的因素。

4.2 实验原理

大豆分离蛋白质具有乳化剂特征结构，即两亲结构，在蛋白质分子中同时含有亲水基团和亲油基团。在油水混合液中，分散蛋白质有扩散到油-水界面趋势，且使疏水性多肽部分展开朝向脂质，极性部分朝向水相。因此，大豆蛋白质用于食品加工时，它是一种表面活性剂，可稳定乳化状态从而延长货架时间。

蛋白质乳化性能取决于两个因素：a. 降低界面张力的能力（在油-水界面上，蛋白质吸附所造成界面张力大幅降低）。b. 成膜能力（该膜起着静电、结构和机械的屏障）。乳化形成取决于快速解吸（作用），在界面上展开及重新定向，其稳定能力（性）是通过界面自由能的降低和膜的流变性质决定的，后者起因于水合程度和分子间相互作用。

很多因素影响蛋白质的乳化性能，它们包括内在因素，如 pH 值、离子强度、温度、糖、低分子量表面活性剂、油相体积、蛋白质种类、蛋白质变性程度、可溶性蛋白质浓度、油的种类（熔点）等；外在因素，如制备乳状液的设备类型和几何形状、输入能量的强度、剪切速度、加油速度等。

4.3 实验设计

（1）氮溶解度指数对大豆分离蛋白乳化性的影响　用不同厂家生产的大豆分离蛋白，先测定其氮溶解度指数（NSI），然后配成1%蛋白质溶液，按实验中的测定方法，分别测定乳化容量（EC）和乳化稳定性（ES），取3次平行试验测定值的平均值，结果记录于表1，并以大豆分离蛋白的NSI为横坐标、乳化性为纵坐标作图。

（2）大豆分离蛋白溶液浓度对乳化性的影响　取大豆分离蛋白配成不同浓度溶液，分别测定乳化容量（EC）和乳化稳定性（ES），取3次平行试验测定值的平均值，结果记录于表2，并以大豆分离蛋白溶液浓度为横坐标、乳化性为纵坐标作图。

（3）氯化钠浓度对大豆分离蛋白对乳化性的影响　在2%的大豆分离蛋白溶液中添加一定量氯化钠，使溶液中氯化钠浓度达表2中所列水平，搅拌均匀后，按实验所述方法测定乳化性。取3次平行试验测定值的平均值，结果记录于表3，并以氯化钠浓度为横坐标、蛋白质乳化性为纵坐标作图。

（4）水解度对大豆分离蛋白对乳化性的影响　将2%大豆分离蛋白溶液在蛋白酶的作用下进行水解，由于不同水解时间下的水解度不同，使蛋白质的乳化性发生改变。按实验所述方法测定蛋白酶水解液的乳化性。取3次平行试验测定值的平均值，结果记录于表4，并以蛋白质的水解度为横坐标、蛋白质乳化性为纵坐标作图。

（5）溶液pH值对大豆分离蛋白乳化性的影响　用不同pH值的0.01mol NaH_2PO_4-$NaHPO_4$ 缓冲液配制浓度为2%的蛋白质溶液，按实验所述方法测乳化性。取3次平行试验测定值的平均值，结果记录于表5，并以溶液pH为横坐标、蛋白质乳化性为纵坐标作图。

（6）温度对大豆分离蛋白乳化性的影响　将2%大豆分离蛋白溶液分别置于不同温度的水浴中保温0.5h后，按实验所述方法测乳化性。取3次平行试验测定值的平均值，结果记录于表6，并以温度为横坐标、蛋白质乳化性为纵坐标作图。

（7）糖类对大豆分离蛋白乳化性的影响　取2%的大豆分离蛋白溶液50mL，在其中分别加入1%葡萄糖、蔗糖、糊精、可溶性淀粉、阿拉伯胶，搅拌均匀，按实验所述方法测乳化性。取3次平行试验测定值的平均值，结果记录于表7，并以糖类为横坐标、蛋白质乳化性为纵坐标作图。

（8）表面活性剂对大豆分离蛋白乳化性的影响　取2%的大豆分离蛋白溶液50mL，在其中分别加入0.1%单甘油酯、蔗糖脂肪酸酯、斯盘20、吐温20、卵磷脂，用电动搅拌器或高速组织捣碎机搅拌均匀后，按实验所述方法测乳化性。取 3 次平行试验测定值的平均值，结果记录于表 8，并以表面活性剂为横坐标、蛋白质乳化性为纵坐标作图。

(9) 油脂对大豆分离蛋白乳化性的影响　取 2% 的大豆分离蛋白溶液 100mL，于 50℃ 恒温条件下，分别在高速磁力搅拌（方式 1）和人工搅拌（方式 2）下各自缓慢滴加 0.1% 棉籽油、豆油、菜油、猪油和牛油，按实验所述方法测乳化性。取 3 次平行试验测定值的平均值，结果记录于表 9，并以油脂为横坐标、蛋白质乳化性为纵坐标作图。

4.4　实验材料、试剂与仪器

(1) 材料与试剂　不同厂家的大豆分离蛋白产品（至少 5 种）；大豆色拉油；葡萄糖、蔗糖、糊精、可溶性淀粉、阿拉伯胶；棉籽油、花生油、菜油、猪油、牛油；蛋白酶；单甘油酯、蔗糖脂肪酸酯、斯盘 20、吐温 20、卵磷脂；十二烷基磺酸钠（SDS）、NaOH、HCl、NaCl、Na_2HPO_4、NaH_2PO_4 等，均为分析纯化学试剂。

(2) 仪器　电子天平，数显恒温水浴锅，磁力搅拌器，电动搅拌器，分光光度计，酸度计。

4.5　实验主要方法操作

(1) 乳化能力的测定　取一定体积的蛋白质溶液，加入 0.025L/L 的大豆色拉油，在高速搅拌器中以 10000r/min 转速搅拌 2min，用微量注射器迅速从底部吸取乳化液 $50\mu L$ 稀释于 5mL 0.1g/100mL 的 SDS 溶液中，以 0.1% 的 SDS 溶液为对照，用 1cm 比色杯，在 500nm 处测定吸光值（A），乳化能力（EC）以吸光值（A）×100 表示。

(2) 乳化稳定性的测定　取一定体积的蛋白质溶液，加入 0.025L/L 的大豆色拉油，以 10000r/min 的速度高速搅拌 1min，之后分别在 0min、10min 取 1mL 新制备的乳状液，加 99mL 0.1g/100mL SDS（十二烷基磺酸钠，pH7.0）将其稀释 100 倍，以 SDS 溶液为空白，用 1cm 比色杯，测定 500nm 处的吸光度值，以 0min 的吸光度值（A_0）表示 EA，乳化稳定性用 ESI 按照下式计算。

$$ESI = \frac{A_0 \times \Delta t}{\Delta A}$$

式中　A_0——0 时刻的吸光值；

　　　Δt——时间差，min；

　　　ΔA——Δt 内的吸光值差。

乳化活性指数（EAI）按照下式计算。

$$EAI = 2 \times T \times \frac{A_0 \times n}{C \times \varphi \times 1000}$$

式中　EAI——乳化活性，mL/g；

　　　　T——2.303；

　　　　A_0——0 时刻的吸光值；

　　　　n——稀释倍数；

　　　　C——乳化液形成前蛋白质水溶液中蛋白浓度，g/mL；

　　　　φ——乳化液中油的体积分数（本实验是 0.025）。

(3) 氮溶解指数（NSI）的测定　精确称取 1g 左右蛋白质样品，溶于 50mL 水中，磁力搅拌器缓慢搅拌 30min。4000r/min 转速下离心，取上清液 5mL 于凯氏烧瓶中浓缩至稠状物，按凯氏定氮法测定可溶性氮的含量，NSI 按照下式计算。

$$NSI = \frac{可溶性氮}{总氮} \times 100\%$$

(4) 水解度的测定　将大豆分离蛋白溶于 1% 的 NaCl 溶液中，配制成 3% 的蛋白质溶液，恒温搅拌 30min，调 pH 值至 7.0，加入蛋白酶进行水解，随时滴加 0.01mol/L 的 NaOH 溶液使 pH 稳定在 7 ± 0.1 范围内。水解一定时间后，将水解液升温至 100℃，保持 10min，冷却后放入冰箱待用。

$$水解度（DH）= \frac{游离氨基酸}{总氮} \times 100\%$$

水解后产生的游离氨基氮用甲醛滴定法测定。总氮用半微量凯氏定氮法测定。

4.6　实验结果记录

将上述实验结果列于表 1～表 9 中。

表 1　NSI 对大豆分离蛋白乳化性的影响

项　目	生产厂家				
	Ⅰ	Ⅱ	Ⅲ	Ⅳ	Ⅴ
NSI					
吸光值					
EC					
ES					
EAI					

表 2　大豆分离蛋白浓度对乳化性的影响

项　目	大豆分离蛋白浓度/%							
	0.1	0.2	0.5	1.0	2	3	4	5
吸光值								
EC								
ES								
EAI								

表 3 离子强度对大豆分离蛋白乳化性的影响

项 目	NaCl 添加量/(mol/L)							
	0	0.25	0.50	0.75	1.0	2.0	3.0	4.0
吸光值								
EC								
ES								
EAI								

表 4 水解度对大豆分离蛋白乳化性的影响

项 目	水解时间/h							
	0	0.5	1	1.5	2.0	2.5	3.0	4.0
水解度/%								
吸光值								
EC								
ES								
EAI								

表 5 溶液 pH 值对大豆分离蛋白乳化性的影响

项 目	溶液 pH								
	3.0	4.0	5.0	6.0	7.0	8.0	9.0	10.0	11.0
吸光值									
EC									
ES									
EAI									

表 6 温度对大豆分离蛋白乳化性的影响

项 目	温度/℃							
	室温	40	50	60	70	80	90	100
吸光值								
EC								
ES								
EAI								

表 7 糖类对大豆分离蛋白乳化性的影响

项 目	糖				
	葡萄糖	蔗糖	糊精	可溶性淀粉	阿拉伯胶
吸光值					
EC					
ES					
EAI					

表 8　表面活性剂对大豆分离蛋白乳化性的影响

项　　目	表面活性剂				
	单甘油酯	蔗糖脂肪酸酯	斯盘 20	吐温 20	卵磷脂
吸光值 EC ES EAI					

表 9　油脂对大豆分离蛋白乳化性的影响

项　　目	棉籽油		豆油		菜油		猪油		牛油	
	方式 1	方式 2	方式 1	方式 2	方式 1	方式 2	方式 1	方式 2	方式 1	方式 2
吸光值 EC ES EAI										

4.7　实验现象分析与解释

① 说明不同厂家生产的大豆分离蛋白乳化性存在差异的原因。

② 影响大豆分离蛋白乳化性的因素有哪些？

参考文献

[1] 黄晓钰，刘邻渭. 食品化学综合实验 [M]. 北京：中国农业大学出版社，2002.

[2] 郭志伟，徐昌学，路遥等. 邹立壮. 泡沫起泡性、稳定性及评价方法 [J]. 化学工程师，2006，4：51-54.

[3] 王琦，习海玲，左言军. 泡沫性能评价方法及稳定性影响因素综述 [J]. 化学工业与工程技术，2007，28（2）：25-30.

[4] 郭庆启，张娜，赵新淮. 大豆分级蛋白的功能性质评价 [J]. 食品工业科技，2006，10：74-77.

（刘娅编写）

附　录

附录一　中华人民共和国法定计量单位

我国的法定计量单位（以下简称法定单位）包括：a. 国际单位制的基本单位（表1）；b. 国际单位制的辅助单位（表2）；c. 国际单位制中具有专门名称的导出单位（表3）；d. 国家选定的非国际单位制单位（表4）；e. 由以上单位构成的组合形式的单位；f. 由词头和以上单位构成的十进倍数和分数单位（表5）。法定单位的定义、使用方法等，由国家计量局另行规定。

表1　国际单位制的基本单位

量的名称	单位名称	单位符号
长度	米	m
质量	千克（公斤）	kg
时间	秒	s
电流	安[培]	A
热力学温度	开[尔文]	K
物质的量	摩[尔]	mol
发光强度	坎[德拉]	cd

表2　国际单位制的辅助单位

量的名称	单位名称	单位符号
平面角	弧度	rad
立体角	球面度	sr

表3　国际单位制中具有专门名称的导出单位

量的名称	单位名称	单位符号	其他表示实例
频率	赫[兹]	Hz	s^{-1}
力，重力	牛[顿]	N	$kg \cdot m/s^2$
压力，压强，应力	帕[斯卡]	Pa	N/m^2
能量；功；热	焦[尔]	J	$N \cdot m$
功率；辐射通量	瓦[特]	W	J/s
电荷量	库[仑]	C	$A \cdot s$
电位；电压；电动势	伏[特]	V	W/A
电容	法[拉]	F	C/V
电阻	欧[姆]	Ω	V/A
电导	西[门子]	S	A/V
磁通量	韦[伯]	Wb	$V \cdot s$
磁通量密度；磁感应强度	特[斯拉]	T	Wb/m^2
电感	亨[利]	H	Wb/A
摄氏温度	摄氏度	℃	
光通量	流[明]	lm	$cd \cdot sr$
光照度	勒[克斯]	lx	lm/m^2
放射性活度	贝可[勒尔]	Bq	s^{-1}
吸收剂量	戈[瑞]	Gy	J/kg
剂量当量	希[沃特]	Sv	J/kg

表 4 国家选定的非国际单位制单位

量的名称	单位名称	单位符号	换算关系和说明
时间	分	min	$1min=60s$
	[小]时	h	$1h=60min=3600s$
	日，(天)	d	$1d=24h=86400s$
平面角	[角]秒	$''$	$1''=(\pi/648000)rad$(π 为圆周率)
	[角]分	$'$	$1'=60''=(\pi/10800)rad$
	度	$°$	$1°=60'=(\pi/180)rad$
旋转速度	转每分	r/min	$1r/min=(1/60)s^{-1}$
长度	海里	nmile	$1nmile=1852m$(只用于航程)
速度	节	kn	$1kn=1nmile/h=(1852/3600)m/s$(只用于航程)
质量	吨	t	$1t=10^3kg$
	原子质量单位	u	$1u\approx1.6605655\times10^{-27}kg$
体积	升	L，(l)	$1L=1dm^3=10^{-3}m^3$
能	电子伏	eV	$1eV\approx1.6021892\times10^{-19}J$
级差	分贝	dB	
线密度	特[克斯]	tex	$1tex=10^{-6}kg/m$

表 5 用于构成十进倍数和分数单位的词头

所表示的因数	词头名称	词头符号
10^{18}	艾[可萨]	E
10^{15}	拍[它]	P
10^{12}	太[拉]	T
10^{9}	吉[咖]	G
10^{6}	兆	M
10^{3}	千	k
10^{2}	百	h
10^{1}	十	da
10^{-1}	分	d
10^{-2}	厘	c
10^{-3}	毫	m
10^{-6}	微	μ
10^{-9}	纳[诺]	n
10^{-12}	皮[可]	p
10^{-15}	飞[母托]	f
10^{-18}	阿[托]	a

注：1. 周、月、年（年的符号为 a）为一般常用时间单位。

2. [] 内的字，是在不致混淆的情况下，可以省略的字。

3. ( ) 内的字为前者的同义语。

4. 平面角度单位度、分、秒的符号在组合单位中或在表头中时，用（$°$）、（$'$）、（$''$）的形式。

5. 升的符号中，小写字母 l 为备用符号。

6. r 为"转"的符号。

7. 在人民生活和贸易中，质量习惯称为重量。

8. 公里为千米的俗称，符号为 km。

9. 10^4 称为万，10^8 称为亿，10^{12} 称为万亿，这类数词的使用不受词头名称的影响，但不应与词头混淆。

说明：法定计量单位的使用，可查阅 1984 年国家计量局公布的《中华人民共和国法定计量单位使用方法》。

（谌小立，赵国华编写）

附录二　常见标准滴定溶液的配制与标定

1　盐酸标准滴定溶液

1.1　配制

按表 1 的规定量取盐酸，注入 1000mL 水中，摇匀。

表 1　盐酸标准溶液配制

盐酸标准滴定溶液的浓度[$c(\text{HCl})$]/(mol/L)	盐酸的体积 V/mL
1	90
0.5	45
0.1	9

1.2　标定

按表 2 的规定称取于 270～300℃ 高温炉中灼烧至恒温的工作基准试剂无水碳酸钠，溶于 50mL 水中，加 10 滴溴甲酚绿-甲基红指示液，用配制好的盐酸溶液滴定至溶液由绿色变成暗红色，煮沸 2min，冷却后继续滴定至溶液再呈暗红色，同时做空白试验。

表 2　标定标准盐酸溶液所用基准试剂量

盐酸标准滴定溶液的浓度[$c(\text{HCl})$]/(mol/L)	工作基准试剂无水碳酸钠的质量 m/g
1	1.9
0.5	0.95
0.1	0.2

盐酸标准滴定溶液的浓度 [$c(\text{HCl})$]，以 mol/L 表示，按下式计算。

$$c(\text{HCl}) = \frac{m \times 1000}{(V_1 - V_2)M}$$

式中　m——无水碳酸钠的质量，g；

　　　V_1——盐酸溶液的体积，mL；

　　　V_2——空白试验盐酸溶液的体积，mL；

　　　M——无水碳酸钠$\left(\dfrac{1}{2}\text{Na}_2\text{CO}_3\right)$的摩尔质量，52.994g/mol。

2　硫酸标准滴定溶液

2.1　配制

按表 3 的规定量取硫酸，缓缓注入 1000mL 水中，冷却，摇匀。

表 3　盐酸标准溶液配制

硫酸标准滴定溶液的浓度 $\left[c\left(\frac{1}{2}H_2SO_4\right)\right]/(mol/L)$	硫酸的体积 V/mL
1	30
0.5	15
0.1	3

2.2　标定

按表 4 的规定称取于 270～300℃ 高温炉中灼烧至恒温的工作基准试剂无水碳酸钠，溶于 50mL 水中，加 10 滴溴甲酚绿-甲基红指示液，用配制好的硫酸溶液滴定至溶液由绿色变成暗红色，煮沸 2min，冷却后继续滴定至溶液再呈暗红色，同时做空白试验。

表 4　标定标准硫酸溶液所用基准试剂量

硫酸标准滴定溶液的浓度 $\left[c\left(\frac{1}{2}H_2SO_4\right)\right]/(mol/L)$	工作基准试剂无水碳酸钠的质量 m/g
1	1.9
0.5	0.95
0.1	0.2

硫酸标准滴定溶液的浓度 $[c(1/2H_2SO_4)]$，以 mol/L 表示，按下式计算。

$$c\left(\frac{1}{2}H_2SO_4\right)=\frac{m\times1000}{(V_1-V_2)M}$$

式中　m——无水碳酸钠的质量，g；

　　　V_1——硫酸溶液的体积，mL；

　　　V_2——空白试验硫酸溶液的体积，mL；

　　　M——无水碳酸钠 $\left(\frac{1}{2}Na_2CO_3\right)$ 的摩尔质量，52.994g/mol。

3　草酸标准滴定溶液

3.1　配制

$c\left(\frac{1}{2}H_2C_2O_4\right)=0.1mol/L$：称取 6.4g 草酸（$H_2C_2O_4 \cdot 2H_2O$），溶于 1000mL 水中，摇匀。

3.2　标定

量取 35.00～40.00mL 配制好的草酸溶液，加 100mL 硫酸溶液（8＋92），用高锰酸钾标准滴定溶液 $\left[c\left(\frac{1}{5}KMnO_4\right)=0.1mol/L\right]$ 滴定，近终点时加热至约 65℃，继续滴定至溶液呈粉红色，并保持 30s。同时做空白试验。

草酸标准滴定溶液的浓度 $\left[c\left(\frac{1}{2}H_2C_2O_4\right)\right]$，以 mol/L 表示，按下式计算。

$$c\left(\frac{1}{2}H_2SO_4\right) = \frac{(V_1 - V_2)c_1}{V}$$

式中 V_1——高锰酸钾标准滴定溶液的体积，mL；

V_2——空白实验高锰酸钾标准滴定溶液的体积，mL；

c_1——高锰酸钾标准滴定溶液的浓度，mol/L；

V——草酸溶液的体积，mL。

4 氢氧化钠标准滴定溶液

4.1 配制

称取 110g 氢氧化钠，溶于 100mL 无二氧化碳的水中，摇匀，注入聚乙烯容器中，密闭放置至溶液清亮。按表 5 规定，用塑料量管取上层清液，用无二氧化碳的水稀释至 1000mL，摇匀。

表 5 氢氧化钠标准溶液配制

氢氧化钠标准滴定溶液的浓度[$c(NaOH)$]/(mol/L)	氢氧化钠溶液的体积 V/mL
1	54
0.5	27
0.1	5.4

4.2 标定

按表 6 的规定称取于 105～110℃ 电烘箱中干燥至恒温的工作基准试剂邻苯二甲酸氢钾，加无二氧化碳的水溶解，加 2 滴酚酞指示液（10g/L），用配制好的氢氧化钠溶液滴定至溶液呈粉红色，并保持 30s。同时做空白试验。

表 6 标定标准硫酸溶液所用基准试剂量

氢氧化钠标准滴定溶液的浓度 [$c(NaOH)$]/(mol/L)	工作基准试剂邻苯二甲酸 氢钾的质量 m/g	无二氧化碳的水的体积 V/mL
1	7.5	80
0.5	3.6	80
0.1	0.75	50

氢氧化钠标准滴定溶液的浓度 [$c(NaOH)$]，以 mol/L 表示，按下式计算。

$$c(NaOH) = \frac{m \times 1000}{(V_1 - V_2)M}$$

式中 m——邻苯二甲酸氢钾的质量，g；

V_1——氢氧化钠溶液的体积，mL；

V_2——空白试验氢氧化钠溶液的体积，mL；

M——邻苯二甲酸氢钾的摩尔质量，204.22g/mol。

5 碳酸钠标准滴定溶液

5.1 配制

按表 7 的规定量取无水碳酸钠，缓缓注入 1000mL 水中，冷却，摇匀。

表 7　碳酸钠标准溶液配制

碳酸钠标准滴定溶液的浓度[$c(1/2Na_2CO_3)$]/(mol/L)	无水碳酸钠质量 m/g
1	53
0.1	5.3

5.2　标定

量取 35.00～40.00mL 配制好的碳酸钠溶液，加表 8 规定体积的水，加 10 滴溴甲酚绿-甲基红指示液，用表 8 规定的相应浓度的盐酸标准滴定溶液滴定至溶液由绿色变成暗红色，煮沸 2min，冷却后继续滴定至溶液再呈暗红色。

表 8　标定标准碳酸钠溶液所用基准试剂量

碳酸钠标准滴定溶液的浓度 $\left[c\left(\dfrac{1}{2}Na_2CO_3\right)\right]$/(mol/L)	加入水的体积 V/mL	盐酸标准滴定溶液的浓度 $[c(HCl)]$/(mol/L)
1	50	1
0.1	20	0.1

碳酸钠标准滴定溶液的浓度 $\left[c\left(\dfrac{1}{2}Na_2CO_3\right)\right]$，以 mol/L 表示，按下式计算。

$$c\left(\frac{1}{2}Na_2CO_3\right)=\frac{V_1\times c_1}{V}$$

式中　V_1——盐酸标准滴定溶液的体积，mL；

　　　c_1——盐酸标准滴定溶液的浓度，mol/L；

　　　V——碳酸钠溶液的体积，mL。

6　硫代硫酸钠标准滴定溶液

6.1　配制

$c(Na_2S_2O_3)=0.1mol/L$：称取 26g 硫代硫酸钠（$Na_2S_2O_3\cdot 5H_2O$）（或 16g 无水硫代硫酸钠），加 0.2g 无水碳酸钠，溶于 1000mL 水中，缓缓煮沸 10min，冷却，放置两周后过滤。

6.2　标定

称取 0.18g 于 120℃±2℃ 干燥至恒重的工作基准试剂重铬酸钾，置于碘量瓶中，溶于 25mL 水，加 2g 碘化钾及 20mL 硫酸溶液（20%），摇匀，于暗处放置 10min，加 150mL 水（15～20℃），用配制好的硫代硫酸钠滴定，近终点时加 2mL 淀粉指示液（10g/L），继续滴定至溶液由蓝色变为亮绿色。同时做空白试验。

硫代硫酸钠标准滴定溶液的浓度 $[c(Na_2S_2O_3)]$，以 mol/L 表示，按下式计算。

$$c(Na_2S_2O_3)=\frac{m\times 1000}{(V_1-V_2)M}$$

式中 m——重铬酸钾的质量，g；

V_1——硫代硫酸钠溶液的体积，mL；

V_2——空白试验硫代硫酸钠溶液的体积，mL；

M——重铬酸钾 $\left(\dfrac{1}{6}\mathrm{K_2Cr_2O_7}\right)$ 的摩尔质量，49.031g/mol。

7 乙二胺四乙酸二钠标准滴定溶液

7.1 配制

按表9的规定量取乙二胺四乙酸二钠，缓缓注入1000mL水中，加热熔解，冷却，摇匀。

表9 乙二胺四乙酸二钠标准溶液配制

乙二胺四乙酸二钠标准滴定溶液的浓度[c(EDTA)]/(mol/L)	乙二胺四乙酸二钠的质量 m/g
0.1	40
0.05	20
0.02	8

7.2 标定

7.2.1 乙二胺四乙酸二钠标准滴定溶液 [c(EDTA)＝0.1mol/L] 和 [c(EDTA)＝0.05mol/L]

按表10的规定量称取于800℃±50℃高温炉中灼烧至恒温的工作基准试剂氧化锌，用少量水湿润，加2mL盐酸（20%）溶解，加100mL水，用氨水溶液（10%）调节pH至7～8，加10mL氨-氯化铵缓冲溶液甲（pH≈10）及5滴铬黑T指示液（5g/L），用配制好的乙二胺四乙酸二钠溶液滴定至溶液由紫色变成纯蓝色。同时做空白试验。

表10 标定标准乙二胺四乙酸二钠溶液所用基准试剂量

乙二胺四乙酸二钠标准滴定溶液的浓度[c(EDTA)]/(mol/L)	工作基准试剂氧化锌的质量 m/g
0.1	0.3
0.05	0.15

乙二胺四乙酸二钠标准滴定溶液的浓度 [c(EDTA)]，以 mol/L 表示，按下式计算。

$$c(\mathrm{EDTA})=\dfrac{m\times1000}{(V_1-V_2)M}$$

式中 m——氧化锌的质量，g；

V_1——乙二胺四乙酸二钠溶液的体积，mL；

V_2——空白试验乙二胺四乙酸二钠溶液的体积，mL；

M——氧化锌的摩尔质量，81.39g/mol。

7.2.2 乙二胺四乙酸二钠标准滴定溶液 $[c(\text{EDTA})=0.02\text{mol/L}]$

称取 0.42g 于 800℃±50℃ 高温炉中灼烧至恒温的工作基准试剂氧化锌，用少量水湿润，加 3mL 盐酸（20%）溶解，移入 250mL 容量瓶中，稀释至刻度，摇匀，取 35.00～40.00mL，加 70mL 水，用氨水溶液（10%）调节 pH 至 7～8，加 10mL 氨-氯化铵缓冲溶液甲（pH≈10）及 5 滴铬黑 T 指示液（5g/L），用配制好的乙二胺四乙酸二钠溶液滴定至溶液由紫色变成纯蓝色。同时做空白试验。

乙二胺四乙酸二钠标准滴定溶液的浓度 $[c(\text{EDTA})]$，以 mol/L 表示，按下式计算。

$$c(\text{EDTA})=\frac{m\times(V_1/250)\times1000}{(V_2-V_3)M}$$

式中　m——氧化锌的质量，g；

　　　V_1——氧化锌溶液的体积，mL；

　　　V_2——乙二胺四乙酸二钠溶液的体积，mL；

　　　V_3——空白试验乙二胺四乙酸二钠溶液的体积，mL；

　　　M——氧化锌的摩尔质量，81.39g/mol。

8　氢氧化钾-乙醇标准滴定溶液

8.1　配制

配制 $c(\text{KOH})=0.1\text{mol/L}$。称取 8g 氢氧化钾置于聚乙烯容器中，加少量水（约 5mL）溶解，用乙醇（95%）稀释至 1000mL，密闭放置 24h。用塑料管虹吸上层清液至另一聚乙烯容器中。

8.2　标定

称取 0.75g 于 105～110℃ 电烘箱中干燥至恒重的工作基准试剂邻苯二甲酸氢钾，溶于 50mL 无二氧化碳的水中，加 2 滴酚酞指示液（10g/L），用配制好的氢氧化钾-乙醇溶液滴定至溶液呈粉红色。同时做空白试验。临用前标定。

氢氧化钾标准滴定溶液的浓度 $[c(\text{KOH})]$，以 mol/L 表示，按下式计算。

$$c(\text{KOH})=\frac{m\times1000}{(V_1-V_2)M}$$

式中　m——邻苯二甲酸氢钾的质量，g；

　　　V_1——氢氧化钾-乙醇溶液的体积，mL；

　　　V_2——空白试验氢氧化钾-乙醇溶液的体积，mL；

　　　M——邻苯二甲酸氢钾的摩尔质量，204.22g/mol。

9　高锰酸钾标准滴定溶液

9.1　配制

配制 $c\left(\frac{1}{5}\text{KMnO}_4\right)=0.1\text{mol/L}$。称取 3.3g 高锰酸钾溶于 1050mL 水中，缓

缓煮沸 15min，冷却，于暗处放置两周，用已处理过的 4 号玻璃滤坩过滤。贮于棕色瓶中。

玻璃滤坩的处理是指玻璃滤坩在同样浓度的高锰酸钾溶液中缓缓煮沸 5min。

9.2　标定

称取 0.25g 于 105～110℃ 电烘箱中干燥至恒重的工作基准试剂草酸钠，溶于 100mL 硫酸溶液（8＋92），用配制好的高锰酸钾溶液滴定，近终点时加热至约 65℃，继续滴定至溶液呈粉红色，并保持 30s。同时做空白试验。

高锰酸钾标准滴定溶液的浓度 $\left[c\left(\dfrac{1}{5}\mathrm{KMnO_4}\right)\right]$，以 mol/L 表示，按下式计算。

$$c\left(\frac{1}{5}\mathrm{KMnO_4}\right)=\frac{m\times 1000}{(V_1-V_2)M}$$

式中　m——草酸钠的质量，g；

　　　V_1——高锰酸钾溶液的体积，mL；

　　　V_2——空白实验高锰酸钾溶液的体积，mL；

　　　M——草酸钠 $\left(\dfrac{1}{2}\mathrm{Na_2C_2O_4}\right)$ 的摩尔质量，60.999g/mol。

10　重铬酸钾标准滴定溶液

方法 1

10.1　配制

配制 $c\left(\dfrac{1}{6}\mathrm{K_2Cr_2O_7}\right)=0.1\mathrm{mol/L}$。称取 5g 重铬酸钾，溶于 1000mL 水中，摇匀。

10.2　标定

量取 35.00～40.00mL 配制好的重铬酸钾溶液，置于碘量瓶中，加 2g 碘化钾及 20mL 硫酸溶液（20%），摇匀，于暗处放置 10min，加 150mL 水（15～20℃），用硫代硫酸钠标准滴定溶液 $[c(\mathrm{Na_2S_2O_3})=0.1\mathrm{mol/L}]$ 滴定，近终点时加 2mL 淀粉指示液（10g/L）由蓝色变为亮绿色。同时做空白试验。

重铬酸钾标准滴定溶液的浓度 $\left[c\left(\dfrac{1}{6}\mathrm{K_2Cr_2O_7}\right)\right]$，以 mol/L 表示，按下式计算。

$$c\left(\frac{1}{6}\mathrm{K_2Cr_2O_7}\right)=\frac{(V_1-V_2)\times c_1}{V}$$

式中　V_1——硫代硫酸钠标准滴定溶液的体积，mL；

　　　V_2——空白试验硫代硫酸钠标准滴定溶液的体积，mL；

　　　c_1——硫代硫酸钠标准滴定溶液的浓度，mol/L；

　　　V——重铬酸钾溶液的体积，mL。

方法 2

称取 4.90g±0.20g 已在 120℃±2℃ 的电供热箱中干燥至恒重的工作基准试剂重铬酸钾，溶于水，移入 1000mL 容量瓶中，稀释至刻度。

重铬酸钾标准滴定溶液的浓度重铬酸钾溶液的体积，以 mol/L 表示，按下式计算。

$$c\left(\frac{1}{6}\mathrm{K_2Cr_2O_7}\right)=\frac{m\times1000}{VM}$$

式中　m——重铬酸钾的质量，g；

　　　　V——重铬酸钾溶液的体积，mL；

　　　　M——重铬酸钾$\left(\frac{1}{6}\mathrm{K_2Cr_2O_7}\right)$的摩尔质量，49.031g/mol。

11　碘酸钾标准滴定溶液

方法 1

11.1　配制

按表 11 的规定量取碘酸钾，溶于 1000mL 水中，摇匀。

表 11　碘酸钾标准溶液配制

碘酸钾标准滴定溶液的浓度 $\left[c\left(\frac{1}{6}\mathrm{KIO_3}\right)\right]$/(mol/L)	碘酸钾的质量 m/g
0.3	11
0.1	3.6

11.2　标定

按表 12 规定，取配制好的碘酸钾溶液，水及碘化钾，置于碘量瓶中，加 5mL 盐酸溶液（20%），摇匀，于暗处放置 5min，加 150mL 水（15~20℃），用硫代硫酸钠标准滴定溶液 $[c(\mathrm{Na_2S_2O_3})=0.1\mathrm{mol/L}]$ 滴定，近终点时加 2mL 淀粉指示液（10g/L），继续滴定至溶液蓝色消失，同时做空白试验。

表 12　碘酸钾标准溶液标定

碘酸钾标准滴定溶液的浓度 $\left[c\left(\frac{1}{6}\mathrm{KIO_3}\right)\right]$/(mol/L)	碘酸钾溶液的体积 V/mL	加入水的体积 V/mL	碘化钾的质量 m/g
0.3	11.00~13.00	20	3
0.1	35.00~40.00	0	2

碘酸钾标准滴定溶液的浓度 $\left[c\left(\frac{1}{6}\mathrm{KIO_3}\right)\right]$，以 mol/L 表示，按下式计算。

$$c\left(\frac{1}{6}\mathrm{KIO_3}\right)=\frac{(V_1-V_2)\times c_1}{V}$$

式中　V_1——硫代硫酸钠标准滴定溶液的体积，mL；

V_2——空白试验硫代硫酸钠标准溶液的体积，mL；

c_1——硫代硫酸钠标准滴定溶液的浓度，mol/L；

V——碘酸钾溶液的体积，mL。

方法 2

按表 13 的规定量取定量的已在 180℃±2℃的电烘箱中干燥至恒重的工作基准试剂碘酸钾，溶于 1000mL 水中，摇匀。

表 13 标定标准碘酸钾溶液所用基准试剂量

碘酸钾标准滴定溶液的浓度 $\left[c\left(\frac{1}{6}KIO_3\right)\right]/(mol/L)$	工作基准试剂碘酸钾的质量 m/g
0.8	10.70±0.50
0.1	3.57±0.15

碘酸钾标准滴定溶液的浓度 $\left[c\left(\frac{1}{6}KIO_3\right)\right]$，以 mol/L 表示，按下式计算。

$$c\left(\frac{1}{6}KIO_3\right)=\frac{m\times1000}{VM}$$

式中 m——碘酸钾的质量，g；

V——碘酸钾溶液的体积，mL；

M——碘酸钾 $\left(\frac{1}{6}KIO_3\right)$ 的摩尔质量，35.667g/mol。

12 碘标准滴定溶液

12.1 配制

配制 $c\left(\frac{1}{2}I_2\right)=0.1mol/L$。称取 13g 碘及 35g 碘化钾，溶于 100mL 水中，稀释至 1000mL，摇匀，贮于棕色瓶中。

12.2 标定

方法 1

称取 0.18g 预先在硫酸干燥器中干燥至恒重的工作基准试剂三氧化二砷，置于碘量瓶中，加 6mL 氢氧化钠标准滴定溶液 $[c(NaOH)=1mol/L]$ 溶解，加 50mL 水，加 2 滴酚酞指示液（10g/L），用硫酸标准滴定溶液 $\left[c\left(\frac{1}{2}H_2SO_4\right)=1mol/L\right]$ 滴定至溶液无色，加 3g 碳酸氢钠及 2mL 淀粉指示液（10g/L），用配制好的碘溶液滴定至溶液呈蓝色。同时做空白试验。

碘标准滴定溶液的浓度 $\left[c\left(\frac{1}{2}I_2\right)\right]$，以 mol/L 表示，按下式计算。

$$c\left(\frac{1}{2}I_2\right)=\frac{m\times1000}{(V_1-V_2)\,M}$$

式中　m——三氧化二砷的质量，g；

　　　V_1——碘溶液的体积，mL；

　　　V_2——空白试验碘溶液的体积，mL；

　　　M——三氧化二砷 $\left(\dfrac{1}{4}As_2O_3\right)$ 的摩尔质量，49.460g/mol。

方法 2

量取 35.00～40.00mL 配制好的碘溶液，置于碘量瓶中，加 150mL 水（15～20℃），用硫代硫酸钠标准滴定溶液 $[c(Na_2S_2O_3)=0.1mol/L]$ 滴定，近终点时加 2mL 淀粉指示液（10g/L），继续滴定至溶液蓝色消失。

同时做水所消耗的碘的空白试验：取 250mL（15～20℃）水，加 0.05～0.20mL 配制好的碘溶液及 2mL 淀粉指示液（10g/L），用硫代硫酸钠标准滴定溶液 $[c(Na_2S_2O_3)=0.1mol/L]$ 滴定至溶液蓝色消失。

碘标准滴定溶液的浓度 $\left[c\left(\dfrac{1}{2}I_2\right)\right]$，以 mol/L 表示，按下式计算。

$$c\left(\dfrac{1}{2}I_2\right)=\dfrac{(V_1-V_2)\times c_1}{(V_3-V_4)}$$

式中　V_1——硫代硫酸钠标准滴定溶液的体积，mL；

　　　V_2——空白试验硫代硫酸钠标准滴定溶液的体积，mL；

　　　c_1——硫代硫酸钠标准滴定溶液的浓度，mol/L；

　　　V_3——碘溶液的体积，mL；

　　　V_4——空白试验中加入的碘溶液的体积，mL。

13　硝酸银标准滴定溶液

13.1　配制

配制 $c(AgNO_3)=0.1mol/L$。称取 17.5g 硝酸银，溶于 1000mL 水中，摇匀，贮于棕色瓶中。

13.2　标定

称取 0.22g 于 500～600℃ 的高温炉中灼烧至恒重的工作基准试剂氯化钠，溶于 70mL 水中，加 10mL 淀粉溶液（10g/L），以 216 型银电极做指示电极，217 型双盐桥饱和甘汞电极做参比电极，用配制好的硝酸银溶液滴定。

硝酸银标准滴定溶液的浓度 $[c(AgNO_3)]$，以 mol/L 表示，按下式计算。

$$c(AgNO_3)=\dfrac{m\times 1000}{VM}$$

式中　m——氯化钠的质量，g；

　　　V——硝酸银溶液的体积，mL；

　　　M——氯化钠的摩尔质量，58.442g/mol。

（谌小立、赵国华编写）

附录三 数据表

1 常用酸碱溶液的相对密度和浓度对照表

表 1-1 酸的相对密度与浓度表

相对密度	HCl		HNO$_3$		H$_2$SO$_4$	
（15℃）	质量分数/%	浓度/(mol/L)	质量分数/%	浓度/(mol/L)	质量分数/%	浓度/(mol/L)
1.02	4.13	1.15	3.70	0.6	3.1	0.3
1.04	8.16	2.3	7.26	1.2	6.1	0.6
1.05	10.2	2.9	9.0	1.5	7.4	0.8
1.06	12.2	3.5	10.7	1.8	8.8	0.9
1.08	16.2	4.8	13.9	2.4	11.6	1.3
1.10	20.0	6.0	17.1	3.0	14.4	1.6
1.12	23.8	7.3	20.2	3.6	17.0	2.0
1.14	27.7	8.7	23.3	4.2	19.9	2.3
1.15	29.6	9.3	24.8	4.5	20.9	2.5
1.19	37.2	12.2	30.9	5.8	26.0	3.2
1.20			32.3	6.2	27.3	3.4
1.25			39.8	7.9	33.4	4.3
1.30			47.5	9.8	39.2	5.2
1.35			55.8	12.0	44.8	6.2
1.40			65.3	14.5	50.1	7.2
1.42			69.8	15.7	52.2	7.6
1.45					55.0	8.2
1.50					59.8	9.2
1.55					64.3	10.2
1.60					68.7	11.2
1.65					73.0	12.3
1.70					77.2	13.4
1.84					95.6	18.0

表 1-2 碱的相对密度与浓度表

相对密度	氨水		NaOH		KOH	
（15℃）	质量分数/%	浓度/(mol/L)	质量分数/%	浓度/(mol/L)	质量分数/%	浓度/(mol/L)
0.88	35.0	18.0				
0.90	28.3	15				
0.91	25.0	13.4				
0.92	21.8	11.8				
0.94	15.6	8.6				
0.96	9.9	5.6				
0.98	4.8	2.8				
1.05			4.5	1.25	5.5	1.0
1.10			9.0	2.5	10.9	2.1
1.15			13.5	3.9	16.1	3.3
1.20			18.0	5.4	21.2	4.5
1.25			22.5	7.0	26.1	5.8
1.30			27.0	8.8	30.9	7.2
1.35			31.8	10.7	35.5	8.5

2 常用缓冲溶液配制

表 2-1　氯化钾-盐酸缓冲溶液（pH＝1.0～2.2）（25℃）

25mL0.2mol/L KCl 溶液（14.919g/L）＋xmL0.2mol/L HCl 溶液，加蒸馏水稀释至 100mL。

pH	0.2mol/L HCl 溶液体积(x)/mL	水体积/mL	pH	0.2mol/L HCl 溶液体积(x)/mL	水体积/mL	pH	0.2mol/L HCl 溶液体积(x)/mL	水体积/mL
1.0	67.0	8	1.5	20.7	54.3	2.0	6.5	68.5
1.1	52.8	22.2	1.6	16.2	58.8	2.1	5.1	69.9
1.2	42.5	32.5	1.7	13.0	62.0	2.2	3.9	71.1
1.3	33.6	41.1	1.8	10.2	64.8			
1.4	26.6	48.4	1.9	8.1	66.9			

表 2-2　甘氨酸-盐酸缓冲溶液（0.05 mol/L，pH＝2.2～3.6）（25℃）

25mL 0.2mol/L 甘氨酸溶液（15.01 g/L）＋xmL0.2mol/L HCl 溶液，加水稀释至 100mL。

pH	0.2mol/L HCl 溶液体积(x)/mL	水体积/mL	pH	0.2mol/L HCl 溶液体积(x)/mL	水体积/mL
2.2	22.0	53.0	3.0	5.7	69.3
2.4	16.2	58.8	3.2	4.1	70.9
2.6	12.1	62.9	3.4	3.2	71.8
2.8	8.4	66.6	3.6	2.5	72.5

表 2-3　邻苯二甲酸氢钾-盐酸缓冲溶液（pH＝2.2～4.0）（25℃）

50mL 0.1mol/L 邻苯二甲酸氢钾溶液（20.42g/L）＋xmL0.1mol/L 盐酸溶液，加水稀释至 100mL。

pH	0.1mol/L HCl 溶液体积(x)/mL	水体积/mL	pH	0.1mol/L HCl 溶液体积(x)/mL	水体积/mL	pH	0.1mol/L HCl 溶液体积(x)/mL	水体积/mL
2.2	49.5	0.5	2.9	25.7	24.3	3.6	6.3	45.7
2.3	45.8	4.2	3.0	22.3	27.7	3.7	4.5	45.5
2.4	42.2	7.8	3.1	18.8	31.2	3.8	2.9	47.1
2.5	38.8	11.2	3.2	15.7	34.3	3.9	1.4	48.6
2.6	35.4	14.6	3.3	12.9	37.1	4.0	0.1	49.9
2.7	32.1	17.9	3.4	10.4	39.6			
2.8	28.9	21.1	3.5	8.2	41.8			

表 2-4　磷酸二氢钠-柠檬酸缓冲溶液（pH＝2.6～7.6）

0.1mol/L 柠檬酸溶液：柠檬酸・H_2O 21.01g/L。0.2mol/L 磷酸二氢钠：Na_2HPO_4・H_2O 35.61g/L。

pH	0.1mol/L 柠檬酸溶液体积/mL	0.2mol/L Na_2HPO_4 溶液体积/mL	pH	0.1mol/L 柠檬酸溶液体积/mL	0.2mol/L Na_2HPO_4 溶液体积/mL
2.6	89.10	10.90	5.2	46.60	53.60
2.8	84.15	15.85	5.4	44.25	55.75
3.0	79.45	20.55	5.6	42.00	58.00
3.2	75.30	24.70	5.8	39.55	60.45
3.4	71.50	28.50	6.0	36.85	63.15
3.6	67.80	32.20	6.2	33.90	66.10
3.8	64.50	35.50	6.4	30.75	69.25
4.0	61.45	38.55	6.6	27.25	72.75
4.2	58.60	41.40	6.8	22.75	77.25
4.4	55.90	44.10	7.0	17.65	82.35
4.6	53.25	46.75	7.2	13.05	86.95
4.8	50.70	49.30	7.4	9.15	90.85
5.0	48.50	51.50	7.6	6.35	93.65

表 2-5　柠檬酸-柠檬酸三钠缓冲溶液（0.1mol/L，pH＝3.0～6.2）

0.1mol/L 柠檬酸溶液：柠檬酸・H_2O 21.01g/L。0.1mol/L 柠檬酸三钠：磷酸三钠・H_2O 29.4g/L。

pH	0.1mol/L 柠檬酸溶液体积/mL	0.1mol/L 柠檬酸三钠溶液体积/mL	pH	0.1mol/L 柠檬酸溶液体积/mL	0.1mol/L 柠檬酸三钠溶液体积/mL
3.0	82.0	18.0	3.4	73.0	27.0
3.2	77.5	22.5	3.6	68.5	31.5
3.8	63.5	36.5	5.2	30.0	69.5
4.0	59.0	41.0	5.4	25.5	74.5
4.2	54.0	46.0	5.6	21.0	79.0
4.4	49.5	50.5	5.8	16.0	84.0
4.6	44.5	55.5	6.0	11.5	88.5
4.8	40.0	60.0	6.2	8.0	92.0
5.0	35.0	65.0			

表 2-6　乙酸-乙酸钠缓冲溶液（0.2mol/L，pH＝3.7～5.8）（18℃）

0.2mol/L 乙酸钠溶液：乙酸钠・$3H_2O$ 27.22g/L。0.2mol/L 乙酸溶液：冰乙酸11.7mL。

pH	0.2mol/L NaAc 溶液体积/mL	0.2mol/L HAc 溶液体积/mL	pH	0.2mol/L NaAc 溶液体积/mL	0.2mol/L HAc 溶液体积/mL
3.7	10.0	90.0	4.8	59.0	41.0
3.8	12.0	88.0	5.0	70.0	30.0
4.0	18.0	82.0	5.2	79.0	21.0
4.2	26.5	73.5	5.4	86.0	14.0
4.4	37.0	63.0	5.6	91.0	9.0
4.6	49.0	51.0	5.8	94.0	6.0

表 2-7　二甲基戊二酸-氢氧化钠溶液（pH＝3.2～7.6）

0.1 mol/L β,β'-二甲基戊二酸溶液：β,β'-二甲基戊二酸 16.02g/L。

pH	0.1mol/Lβ,β'-二甲基戊二酸/mL	0.2mol/L NaOH/mL	水体积/mL	pH	0.1mol/Lβ,β'-二甲基戊二酸/mL	0.2mol/L NaOH/mL	水体积/mL
3.2	50	4.15	45.85	5.6	50	27.90	22.10
3.4	50	7.35	42.65	5.8	50	29.85	20.15
3.6	50	11.0	39.00	6.0	50	32.50	17.50
3.8	50	13.7	36.30	6.2	50	37.75	14.75
4.0	50	16.65	33.35	6.4	50	35.25	12.25
4.2	50	18.40	31.60	6.6	50	42.35	7.65
4.4	50	19.60	30.40	6.8	50	44.00	6.00
4.6	50	20.85	29.15	7.0	50	45.20	4.80
4.8	50	21.95	28.05	7.2	50	46.05	3.95
5.0	50	23.10	26.90	7.4	50	46.60	3.40
5.2	50	24.50	25.50	7.6	50	47.00	3.00
5.4	50	26.00	24.00				

表 2-8　丁二酸-氢氧化钠缓冲溶液（pH＝3.8～6.0）（25℃）

0.2mol/L 丁二酸溶液：$C_4H_6O_4$ 23.62g/L。

pH	0.2mol/L 丁二酸溶液体积/mL	0.2mol/L NaOH溶液体积/mL	水体积/mL	pH	0.2mol/L 丁二酸溶液体积/mL	0.2mol/L NaOH溶液体积/mL	水体积/mL
3.8	25	7.5	67.5	5.0	25	26.7	48.3
4.0	25	10.0	65.0	5.2	25	30.3	44.7
4.2	25	13.3	61.7	5.4	25	34.2	40.8
4.4	25	16.7	58.3	5.6	25	37.5	37.5
4.6	25	20.0	55.0	5.8	25	40.7	34.3
4.8	25	23.5	51.5	6.0	25	43.5	31.5

表 2-9　邻苯二甲酸氢钾-氢氧化钠缓冲溶液（pH＝4.1～5.9）（25℃）

50mL 0.1mol/L 邻苯二甲酸氢钾溶液（20.42 g/L）＋xmL 0.1 mol/L NaOH 溶液，加水稀释至 100mL。

pH	0.1mol/L NaOH(x)/mL	水体积/mL	pH	0.1mol/L NaOH(x)/mL	水体积/mL	pH	0.1mol/L NaOH(x)/mL	水体积/mL
4.1	1.2	48.8	4.8	16.5	33.5	5.5	36.6	13.4
4.2	3.0	47.0	4.9	19.4	30.6	5.6	38.8	11.2
4.3	4.7	45.3	5.0	22.6	27.4	5.7	40.6	9.4
4.4	6.6	43.4	5.1	25.5	24.5	5.8	42.3	7.7
4.5	8.7	41.3	5.2	28.8	21.2	5.9	43.7	6.3
4.6	11.1	38.9	5.3	31.6	18.4			
4.7	13.6	36.4	5.4	34.1	15.9			

表 2-10　磷酸氢二钠-磷酸二氢钠缓冲溶液（0.2mol/L，pH＝5.8～8.0）（25℃）

0.2mol/L 磷酸氢二钠溶液：$Na_2HPO_4 \cdot 12H_2O$ 71.64g/L。0.2mol/L 磷酸二氢钠溶液：$NaH_2PO_4 \cdot 2H_2O$ 31.21g/L。

pH	0.2mol/L磷酸氢二钠/mL	0.2mol/L磷酸二氢钠/mL	pH	0.2mol/L磷酸氢二钠/mL	0.2mol/L磷酸二氢钠/mL
5.8	8.0	92.0	7.0	61.0	39.0
6.0	12.3	87.7	7.2	72.0	28.0
6.2	18.5	81.5	7.4	81.0	19.0
6.4	26.5	73.5	7.6	87.0	13.0
6.6	37.5	63.5	7.8	91.5	8.5
6.8	49.0	51.0	8.0	94.7	5.3

表 2-11　磷酸二氢钾-氢氧化钠缓冲溶液（pH＝5.8～8.0）

50mL 0.1mol/L 磷酸二氢钾溶液（13.6 g/L）＋xmL 0.1mol/L NaOH 溶液，加水稀释至 100mL。

pH	0.1mol/L NaOH溶液体积(x)/mL	水体积/mL	pH	0.1mol/L NaOH溶液体积(x)/mL	水体积/mL	pH	0.1mol/L NaOH溶液体积(x)/mL	水体积/mL
5.8	3.6	46.4	6.6	16.4	33.6	7.4	39.1	10.9
5.9	4.6	45.4	6.7	19.3	30.7	7.5	40.9	9.1
6.0	5.6	44.4	6.8	22.4	27.6	7.6	42.4	7.6
6.1	6.8	43.2	6.9	25.9	24.1	7.7	43.5	6.5
6.2	8.1	41.9	7.0	29.1	20.9	7.8	44.5	5.5
6.3	9.7	40.3	7.1	32.1	17.9	7.9	45.3	4.7
6.4	11.6	38.4	7.2	34.7	15.3	8.0	46.1	3.9
6.5	13.9	36.1	7.3	37.0	13.0			

表 2-12　Tris-HCl 缓冲溶液（0.05 mol/L，pH＝7～9）

25mL 0.2 mol/L 三羟甲基氨基甲烷溶液（24.23 g/L）＋xmL 0.1mol/L HCl 溶液，加水稀释至 100mL。

pH		0.1mol/L HCl(x)/mL	pH		0.1mol/L HCl(x)/mL	pH		0.1mol/L HCl(x)/mL
23℃	37℃		23℃	37℃		23℃	37℃	
7.20	7.05	45.0	7.96	7.82	30.0	8.50	8.37	15.0
7.36	7.22	42.5	8.05	7.90	27.5	8.62	8.48	12.5
7.54	7.40	40.0	8.23	8.10	22.5	8.74	8.60	10.0
7.66	7.52	37.5	8.32	8.18	20.0	8.92	8.78	7.5
7.77	7.63	35.0	8.40	8.27	17.5	9.10	8.95	5
7.87	7.73	32.5				8.14	8.00	25.0

表 2-13　巴比妥-盐酸缓冲溶液（pH＝6.8～9.6）（18℃）

100mL 0.04 mol/L 巴比妥溶液（8.25g/L）＋xmL 0.2mol/L HCl 溶液混合。

pH	0.2mol/L HCl(x)/mL	pH	0.2mol/L HCl(x)/mL	pH	0.2mol/L HCl(x)/mL
6.8	18.4	7.8	11.47	8.8	2.52
7.0	17.8	8.0	9.39	9.0	1.65
7.2	16.7	8.2	7.21	9.2	1.13
7.4	15.3	8.4	5.21	9.4	0.70
7.6	13.4	8.6	3.82	9.6	0.35

表2-14　2,4,6-三甲基吡啶-盐酸缓冲溶液（pH＝6.4～8.3）

25mL 0.2mol/L 2,4,6-三甲基吡啶溶液（C$_8$H$_{11}$N 24.24g/L）＋xmL 0.2mol/L HCl溶液混合，加水稀释至100mL。

pH		0.2mol/L	水/mL	pH		0.2mol/L	水/mL
23℃	37℃	HCl (x)/mL		23℃	37℃	HCl (x)/mL	
6.4	6.4	22.50	52.50	7.5	7.4	11.25	63.75
6.6	6.5	21.25	53.75	7.6	7.5	10.00	65.00
6.8	6.7	20.00	55.00	7.7	7.6	8.75	66.25
6.9	6.8	18.75	56.25	7.8	7.7	7.50	67.50
7.0	6.9	17.50	57.50	7.9	7.8	6.25	68.75
7.1	7.0	16.25	58.75	8.0	7.9	5.00	70.00
7.2	7.1	15.00	60.00	8.2	8.1	3.75	71.25
7.3	7.2	13.75	61.25	8.3	8.3	2.50	72.50
7.4	7.3	12.50	62.50				

表2-15　硼砂-硼酸缓冲溶液（pH＝7.4～8.0）

0.05mol/L 硼砂溶液：Na$_2$B$_4$O$_7$·H$_2$O 19.07g/L。0.2mol/L 硼酸溶液：硼酸 12.37g/L。

pH	0.05mol/L 硼砂/mL	0.2mol/L 硼酸/mL	pH	0.05mol/L 硼砂/mL	0.2mol/L 硼酸/mL
7.4	1.0	9.0	8.2	3.5	6.5
7.6	1.5	8.5	8.4	4.5	5.5
7.8	2.0	8.0	8.7	6.0	4.0
8.0	3.0	7.0	9.0	8.0	2.0

表2-16　硼砂缓冲溶液（pH＝8.1～10.7）（25℃）

50mL 0.05mol/L 硼砂溶液（Na$_2$B$_4$O$_7$·10H$_2$O 9.525g/L）、0.1mol/L HCl溶液或0.1mol/L NaOH溶液，加水稀释至100mL。

pH	0.1mol/L HCl (x)/mL	水/mL	pH	0.1mol/L HCl (x)/mL	水/mL	pH	0.1mol/L HCl (x)/mL	水/mL
8.1	19.7	30.3	9.3	3.6	46.4	10.3	21.3	28.7
8.2	18.8	31.2	9.4	6.2	43.8	10.4	22.1	27.9
8.3	17.7	32.3	9.5	8.8	41.2	10.5	22.7	27.3
8.4	16.6	33.4	9.6	11.1	38.9	10.6	23.3	26.7
8.5	15.2	34.8	9.7	13.1	36.9	10.7	23.5	26.2
8.6	13.5	36.5	9.8	15.0	35.0			
8.7	11.6	38.4	9.9	16.7	33.3			
8.8	9.4	40.6	10.0	18.3	31.7			
8.9	7.1	42.9	10.1	19.5	30.5			
9.0	4.6	45.4	10.2	20.5	29.5			

表 2-17　甘氨酸-氢氧化钠缓冲溶液（pH＝8.6～10.6）（25℃）

25mL 0.2mol/L 甘氨酸溶液（15.01 g/L）＋x mL 0.2mol/L NaOH 溶液混合，加水稀释至 100mL。

pH	0.2mol/L NaOH /mL	水/mL	pH	0.2mol/L NaOH /mL	水/mL
8.6	2.0	73.0	9.6	11.2	63.2
8.8	3.0	72.0	9.8	13.6	61.4
9.0	4.4	70.0	10.0	16.0	59.0
9.2	6.0	69.0	10.4	19.3	55.7
9.4	8.4	66.6	10.6	22.8	52.2

表 2-18　碳酸钠-碳酸氢钠缓冲溶液（0.1 mol/L，pH＝9.2～10.8）

0.1 mol/L Na_2CO_3 溶液：$Na_2CO_3 \cdot 10H_2O$ 28.62g/L。0.1 mol/L $NaHCO_3$ 溶液：$NaHCO_3$ 8.4g/L（有 Ca^{2+}，Mg^{2+} 时不能用）。

pH		0.1mol/L Na_2CO_3/mL	0.1mol/L $NaHCO_3$/mL	pH		0.1mol/L Na_2CO_3/mL	0.1mol/L $NaHCO_3$/mL
20℃	37℃			20℃	37℃		
9.2	8.8	10	90	10.1	9.9	60	40
9.4	9.1	20	80	10.3	10.1	70	30
9.5	9.4	30	70	10.5	10.3	80	20
9.8	9.5	40	60	10.8	10.6	90	10
9.9	9.7	50	50				

表 2-19　硼酸-氯化钾-氢氧化钠缓冲溶液（pH＝8.0～10.2）

50mL 0.1mol/L KCl-H_3BO_4 混合液（每升混合液含 7.455g KCl 和 6.184g H_3BO_4）＋xmL 0.1mol/L NaOH 溶液，加水稀释至100mL。

pH	0.1mol/L NaOH /mL	水/mL	pH	0.1mol/L NaOH /mL	水/mL	pH	0.1mol/L NaOH /mL	水/mL
8.0	3.9	46.1	8.8	15.8	34.2	9.6	36.9	13.1
8.1	4.9	45.1	8.9	18.1	31.9	9.7	38.9	11.1
8.2	6.0	44.0	9.0	20.8	29.2	9.8	40.6	9.4
8.3	7.2	42.8	9.1	23.6	26.4	9.9	42.2	7.8
8.4	8.6	41.4	9.2	26.4	23.6	10.0	43.7	6.3
8.5	10.1	39.9	9.3	29.3	20.7	10.1	45.0	5.0
8.6	11.8	38.2	9.4	32.1	17.9	10.2	46.2	3.8
8.7	13.7	36.2	9.5	34.6	15.4			

表 2-20　二乙醇胺-盐酸缓冲溶液（pH＝8.0～10.0）（25℃）

25mL 0.2mol/L 二乙醇胺溶液（21.02g/L）＋xmL 0.2mol/L HCl 溶液混合，加水稀释至 100mL。

pH	0.2mol/L HCl /mL	水/mL	pH	0.2mol/L HCl/mL	水/mL
8.0	22.95	52.05	9.1	10.20	64.80
8.3	21.00	54.00	9.3	7.80	67.20
8.5	18.85	56.15	9.5	5.55	69.45
8.7	16.35	58.65	9.9	3.45	71.55
8.9	13.55	61.45	10.0	1.80	73.20

表 2-21 硼砂-氢氧化钠溶液（0.05mol/L 硼酸）（pH＝9.3～10.1）

25mL 0.05mol/L 硼酸溶液（19.07g/L）＋xmL 0.2mol/L NaOH 溶液混合，加水稀释至 1000mL。

pH	0.2mol/L NaOH (x)/mL	水/mL	pH	0.2mol/L NaOH (x)/mL	水/mL
9.3	3.0	72.0	9.8	17.0	58.0
9.4	5.5	69.0	10.0	21.5	53.5
9.6	11.5	63.5	10.1	23.0	52.0

表 2-22 磷酸氢二钠-氢氧化钠缓冲溶液（pH＝11.0～11.9）（25℃）

50mL 0.05mol/L Na_2HPO_4 溶液＋xmL 0.1mol/L NaOH 溶液，加水稀释至 100mL。

pH	0.1mol/L NaOH (x)/mL	水/mL	pH	0.1mol/L NaOH(x)/mL	水/mL
11.0	4.1	45.9	11.5	11.1	38.9
11.1	5.1	44.9	11.6	13.5	36.5
11.2	6.3	43.7	11.7	16.2	33.8
11.3	7.6	42.4	11.8	19.4	30.6
11.4	9.1	40.9	11.9	23.0	27.0

表 2-23 氯化钠-氢氧化钠缓冲溶液（pH＝12.0～13.0）（25℃）

25mL 0.2mol/L 氯化钾溶液（14.91g/L）＋xmL 0.2mol/L NaOH 溶液混合，加水稀释至 100mL。

pH	0.2mol/L NaOH (x)/mL	水/mL	pH	0.2mol/L NaOH(x)/mL	水/mL
12.0	6.0	69.0	12.6	25.6	49.4
12.1	8.0	67.0	12.7	32.2	42.8
12.2	10.2	64.8	12.8	41.2	33.8
12.3	12.2	62.8	12.9	53.0	22.0
12.4	16.8	58.2	13.0	66.0	9.0
12.5	24.4	50.6			

表 2-24 广范围缓冲溶液（pH＝2.6～12.0）（18℃）

混合液 A：6.008g 柠檬酸、3.893g 磷酸二氢钾、1.769g 硼酸和 5.266g 巴比妥加蒸馏水定容至 1000mL。每 100mL 混合液 A＋xmL 0.2mol/L NaOH 溶液，加水至 1000mL。

pH	0.2mol/L NaOH(x)/mL	水/mL	pH	0.2mol/L NaOH(x)/mL	水/mL	pH	0.2mol/L NaOH (x)/mL	水/mL
2.6	2.0	898.0	5.8	36.5	863.5	9.0	72.7	827.3
2.8	4.3	895.7	6.0	38.9	861.1	9.2	74.0	826.0
3.0	6.4	893.6	6.2	41.2	858.8	9.4	75.9	824.1
3.2	8.3	891.7	6.4	43.5	856.5	9.6	77.6	822.4

pH	0.2mol/L NaOH(x)/mL	水/mL	pH	0.2mol/L NaOH(x)/mL	水/mL	pH	0.2mol/L NaOH(x)/mL	水/mL
3.4	10.1	889.9	6.6	46.0	854.0	9.8	79.3	820.7
3.6	11.8	888.2	6.8	48.3	851.7	10.0	80.8	819.2
3.8	13.7	886.3	7.0	50.6	849.4	10.2	82.0	818.0
4.0	15.5	884.5	7.2	52.9	847.1	10.4	82.9	817.1
4.2	17.6	882.4	7.4	55.8	844.2	10.6	83.9	816.1
4.4	19.9	880.1	7.6	58.6	841.4	10.8	84.9	815.1
4.6	22.4	877.6	7.8	61.7	838.3	11.0	86.0	814.0
4.8	24.8	875.2	8.0	63.7	836.3	11.2	87.7	812.3
5.0	27.1	872.9	8.2	65.6	834.4	11.4	89.7	810.3
5.2	29.5	870.5	8.4	67.5	832.5	11.6	92.0	808.0
5.4	31.8	868.2	8.6	69.3	830.7	11.8	95.0	805.0
5.6	34.2	865.8	8.8	71.0	829.0	12.0	99.6	800.4

表 2-25 离子强度恒定的缓冲溶液（pH＝2.0～12.0）

按下表配制离子强度为 0.11 或 0.21 的缓冲溶液，加蒸馏水至 2000mL。适用于电泳中的缓冲溶液。

pH	5mol/L NaCl/mL 离子强度0.11	5mol/L NaCl/mL 离子强度0.21	1mol/L 甘氨酸-1mol/L NaCl/mL	2mol/L HCl/mL	2mol/L NaOH/mL	2mol/L NaAc/mL	8.5mol/L HAc/mL	0.5mol/L NaH$_2$PO$_4$/mL	4mol/L NaH$_2$PO$_4$/mL	0.5mol/L 二乙基比妥钠/mL
2.0	32	72	10.6	14.7						
2.5	32	72	22.5	8.6						
3.0	32	72	31.6	4.2						
3.5	32	72	36.6	1.7						
4.0	32	72				20.0	33.7			
4.5	32	72				20.0	11.5			
5.0	32	72				20.0	3.7			
5.5	32	72				20.0	1.2			
6.0	32	72						9.2	6.6	
6.5	32	72						16.6	3.7	
7.0	32	72						22.7	1.6	
7.5	32	72						24.3	0.5	
8.0	32	72		10.4						80.0
8.5	32	72		5.3						80.0
9.0	32	72		2.0						80.0
9.5	32	72	34.5		2.7					
10.0	32	72	28.8		5.6					
10.5	32	72	23.2		8.4					
11.0	32	72	19.6		10.2					
11.5	32	72	17.6		11.2					
12.0	32	72	15.2		12.4					

表 2-26　磷酸缓冲盐溶液 （PBS）

表 2-26　磷酸缓冲盐溶液 （PBS）

试　　剂	用　　量
NaCl	8g
KCl	0.2g
Na_2HPO_4	1.44g
KH_2PO_4	0.24g
H_2O	800mL

注：用盐酸调节 pH 至 7.4 后，然后定容至 1000mL。

表 2-27　Tris 缓冲盐溶液 （TBS，25mmol/L Tris）

试　　剂	用　　量
NaCl	8g
KCl	0.2g
Tris	3g
酚红	0.015g
H_2O	800mL

注：用盐酸调节 pH 至 7.4 后，然后定容至 1000mL。

3　常用指示剂

表 3-1　酸碱指示剂

指示剂	变色范围 pH	颜色变化	pK_{HIn}	浓　　度	用量/(滴/10mL 试液)
百里酚蓝	1.2～2.8	红—黄	1.65	0.1%的 20%乙醇溶液	1～2
甲基黄	2.9～4.0	红—黄	3.25	0.1%的 90%乙醇溶液	1
甲基橙	3.1～4.4	红—黄	3.45	0.05%水溶液	1
溴酚蓝	3.0～4.6	黄—紫	4.1	0.1%的 20%乙醇溶液或其钠盐水溶液	1
溴甲酚绿	4.0～5.6	黄—蓝	4.9	0.1%的 20%乙醇溶液或其钠盐水溶液	1～3
甲基红	4.4～6.2	红—黄	5.0	0.1%的 60%乙醇溶液或其钠盐水溶液	1
溴百里酚蓝	6.2～7.6	黄—蓝	7.2	0.1%的 20%乙醇溶液或其钠盐水溶液	1
中性红	6.8～8.0	红—黄橙	7.4	0.1%的 60%乙醇溶液	1
苯酚红	6.8～8.4	黄—红	8.0	0.1%的 60%乙醇溶液或其钠盐水溶液	1
酚酞	8.0～10.0	无—红	9.1	0.5%的 90%乙醇溶液	1～3
百里酚蓝	8.0～9.6	黄—蓝	8.9	0.1%的 20%乙醇溶液	1～4
百里酚酞	9.4～10.6	无—蓝	10.0	0.1%的 90%乙醇溶液	1～2

表 3-2　配位滴定指示剂

名称	配制	用于测定			
		元素	颜色变化	测定条件	
酸型铬蓝 K	0.1%乙醇溶液	Ca	红—蓝	pH＝12	
		Mg	红—蓝	pH＝10(氨性缓冲液)	
钙指示剂	与 NaCl 配成 1∶100 的固体混合物	Ca	酒红—蓝	pH＞12(KOH 或 NaOH)	

名称	配制	用于测定			
		元素	颜色变化	测定条件	
双硫腙	0.03% 乙醇溶液	Zn	红—绿紫	pH＝4.5,50%乙醇溶液	
铬黑 T(EBT)	与 NaCl 配成1:100的固体混合物	Al	蓝—红	pH＝7～8,吡啶存在下,以 Zn²⁺ 回流	
		Bi	蓝—红	pH＝9～10,以 Zn²⁺ 回流	
		Ca	红—蓝	pH＝10 加 EDTA-Mg	
		Cd	红—蓝	pH＝10(氨性缓冲液)	
		Mg	红—蓝	pH＝10(氨性缓冲液)	
		Mn	红—蓝	氨性缓冲液,加羟胺	
		Ni	红—蓝	氨性缓冲液	
		Pb	红—蓝	氨性缓冲液,加酒石酸钾	
		Zn	红—蓝	pH＝6.8～10(氨性缓冲液)	
PAR	0.05% 或 0.2 水溶液	Bi	红—黄	pH＝1～2(HNO₃)	
		Cu	红—黄	pH＝5～11(六亚甲基酸钠,氨性缓冲液)	
		Pb	红—黄	六亚甲基四胺或氨性缓冲液	
二甲酚橙	0.5%乙醇(或水)溶液	Bi	红—黄	pH＝1～2(HNO₃)	
		Cd	粉红—黄	pH＝5～6 六亚甲基四胺	
		Pb	红紫—黄	pH＝5～6 醋酸缓冲溶液	
		Th	红—黄	pH＝1.6～3.5(HNO₃)	
		Zn	红—黄	pH＝5～6 醋酸缓冲溶液	
磺基水杨酸	1%～2% 水溶液	Fe³⁺	红紫—黄	pH＝1.5～3	
PAN	0.1%乙醇(或甲醇)溶液	Cd	红—黄	pH＝6 醋酸缓冲溶液	
		Co	黄—红	醋酸缓冲溶液,70～80℃以 Cu²⁺ 回流	
		Cu	紫—黄	pH＝10(氨性缓冲液)	
		Zn	红—黄	pH＝6(醋酸缓冲溶液)	
			粉红—黄	pH＝5～7(醋酸缓冲溶液)	

表 3-3　氧化还原指示剂

名称	配制	φ(pH＝0)	氧化型颜色	还原型颜色
中性红	0.01%的60%乙醇溶液	+0.240	红	无色
亚甲基蓝	0.05%水溶液	+0.532	天蓝	无色
二苯胺	1%浓硫酸溶液	+0.76	紫	无色
二苯胺磺酸钠	0.2%水溶液	+0.85	红紫	无色
邻苯氨基苯甲酸	0.2%水溶液	+0.89	红紫	无色
邻二氮菲亚铁络离子	1.624g 邻二氮菲和0.695g $FeSO_4 \cdot 7H_2O$ 配成 100mL 水溶液	+1.06	浅蓝	红

表 3-4　中和滴定混合指示剂

混合指示剂的组成成分	酸性	变色点	碱性	备注
1 份甲基红(0.2%乙醇)	紫红	5.4	绿	pH5.2 时呈紫红色
1 份甲基蓝(0.1%乙醇)				pH5.4 时呈污蓝色 pH5.6 时呈污绿色
1 份中性红(0.1%乙醇)	紫蓝	7.0	绿	
1 份亚甲基蓝(0.1%乙醇)				
1 份百里酚蓝(0.1%乙醇)	黄	9.0	紫	
1 份酚酞(0.1%乙醇)				

4　筛子内径

表 4-1　筛目-微米对照表

筛目(mesh)	微米/μm	筛目(mesh)	微米/μm
20	850	270	53
25	710	325	45
30	600	400	38
35	500	450	32
40	425	500	28
45	355	600	23
50	300	700	20
60	250	800	18
70	212	1000	13
80	180	1250	10
100	150	1670	8.5
120	125	2000	6.5
140	106	5000	2.5
170	90	8000	1.5
200	75	10000	1.3
230	63	12000	1.0

参考文献

[1] 胡明方. 食品分析 [M]. 重庆：西南师范大学出版社，1993.

[2] 中华人民共和国国家质量监督检验检疫总局. GB/T 601—2002 标准溶液配制和标定标准 [S]. 北京：中国标准出版社，2002.

[3] 川村亮. 食品分析与实验法 [M]. 北京：轻工业出版社，1986.

[4] 汪东风. 食品科学实验技术 [M]. 北京：中国轻工业出版社，2006.

（谌小立，赵国华编写）